建筑工程与施工技术研究

经浩芳 ◎ 著

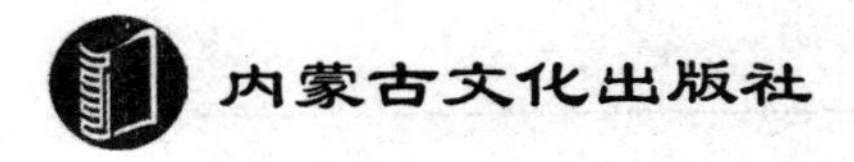

图书在版编目（CIP）数据

建筑工程与施工技术研究 / 经浩芳著. --呼伦贝尔：内蒙古文化出版社，2024.6

ISBN 978-7-5521-2520-7

Ⅰ. TU7

中国国家版本馆CIP数据核字第2024LU0284号

建筑工程与施工技术研究

经浩芳　著

责任编辑　黑　虎

装帧设计　万瑞铭图

出版发行　内蒙古文化出版社

地　　址　呼伦贝尔市海拉尔区河东新春街4付3号

直销热线　0470-8241422　　**邮编**　021008

印刷装订　天津旭丰源印刷有限公司

开　　本　787mm×1092mm　1/16

印　　张　13

字　　数　205千

版　　次　2024年10月第1版

印　　次　2024年10月第1次印刷

标准书号　978-7-5521-2520-7

定　　价　78.00元

前言

我国经济的快速发展推动了城市建筑的持续创新，随着新型城市化与城镇化的出现，现代建筑设计理念也在发生着质的转变，建筑设计思路更加开阔，建筑设计理念更加创新，设计方向更加多元化。而建筑设计新理念的提出，要求我们要用发展的眼光去看待和接受新的设计理念，变革对建筑设计的认知。

现代建筑设计创意性思维本质上涵盖了多方面的创造因素，这些新的理念不仅来自外界因素给予的灵感，也在一定程度上结合了建筑师个人的风格、爱好及其他特性。这些个人因素也是现代建筑设计新理念中不可或缺的部分，它在某种程度上表现了建筑设计的来源与动力，同时也是建筑设计新理念中想象力充分发挥的基本思路。

就现代项目管理而言，虽然工程项目管理的引进、推广和应用在我国已经接几十年了，但业内对工程项目管理的内涵认识得还不够深刻，对工程项目管理的作用还没有引起足够的重视，建造师作为工程项目管理的专业人士应该提升自身在该方面的专业素质。

由于新思想、新方法和新技术在不断的发展之中，书中难免有纰漏和不足之处，希望读者不吝指正。编者将在各位的帮助下进一步改进完善。

目录

第一章 建筑工程概述

第一节 建筑历史及发展

一、建筑和建筑工程概述

（一）建筑的概念及其基本属性

建筑一词的英文为 architecture，来自拉丁语 archi-tectura，可理解为关于建筑物的技术和艺术的系统知识，又称为建筑学。汉语“建筑”是一个多义词，它既可以表示建筑工程或土木工程的营造活动，又可以表示这种活动的成果。中国古代把建造房屋及其相关的土木工程活动统称为“营建”“营造”，而建筑一词则是从日本引入的。有时建筑也泛指某种抽象的概念，例如，罗马建筑、拜占庭式建筑、哥特式建筑、明清建筑、现代建筑等。

目前，有关建筑的含义学术界有很多解释，本节按照最通俗的理解去说明。也就是把建筑作为工程实体来对待，即建筑通常认为是艺术与工程技术相结合，营造出供人们进行生产、生活或者其他活动的环境、空间、房屋或者场所，一般情况下是指建筑物和构筑物。建筑物是指供人们生活居住、工作学习、娱乐和从事生产的建筑，例如，住宅、学校、宾馆、办公楼、体育馆等。而人们不在其中生产、生活的建筑则称为构筑物，例如，水塔、烟囱、蓄水池、桥梁、堤坝、囤仓等。

建筑的形成主要涉及建筑学、结构学、排水、供暖通风、空调技术、电气、消防、自动控制、建筑声学、建筑光学、建筑热工学、建筑材料、建筑施工技术等方面的知识和技术，同时也受到政治制度、自然条件、经济基础、社会需要以及人工技巧等因素影响，在一定程度上反映了某个地区、某个时期的建筑风格与艺术，也反映了当时的社会活动和工程技术水平。因此，建筑是一门融社会、工程技术和文化艺术于一体的综合性学科，是一个时代物质文明、精神文明和政治文明的产物。

综上所述，建筑的基本属性有以下几点：

1. 建筑的时空性

从建筑作为客观的物质存在来讲，一是它的实体和空间的统一性，二是它的空间和时间的统一性。这两个方面组合为建筑的时空属性。

2. 建筑的工程技术性

建筑由物质构成，而且是人为的、科学的构成。

3. 建筑的艺术性

建筑既是个实用对象，又是个审美对象，更是一种造型艺术。

4. 建筑的民族性和地方性

不同的民族有不同的建筑形式，不同的地域（同一个民族或不同民族）有不同的建筑形态。时代不同，建筑也有不同的潮流特征。

（二）建筑的产生和发展

人类的建筑活动从穴居、巢居到现代的高楼大厦，经历了漫长的发展历程。回顾建筑产生和发展的历史，认识建筑科学技术演进的规律，对整个建筑发展历程形成一个较为清晰的脉络，这对于后续学习和掌握有关专业知识都有很重要的作用。

1. 原始社会的建筑

河姆渡文化是中国长江流域下游以南地区古老而多姿的新石器时代文化（距今约 7000 年）。黑陶是河姆渡陶器的一大特色。在建筑方面，发现了最大的“干栏式房屋”遗迹。1973 年，第一次发现于浙江宁波余姚的河姆渡镇，因此而命名。它主要分布在杭州湾南岸的宁绍平原及舟山岛。经科学的方法进行测定，它的年代为公元前 5000 年——前 3300 年。它是新石器时代母系氏族公社时期的氏族村落遗址，反映了 7000 多年前长江流域下游地区氏族的情况。

半坡遗址位于陕西省西安市东郊灞桥区浐河东岸，是黄河流域一处典型的原始社会母系氏族公社村落遗址，属于新石器时代仰韶文化，距今 6000 年以上。1953 年春，西北文物清理队在西安东郊浐河东岸的二级阶地上发现了半坡遗址。同年 9 月，中科院考古研究所进行了较深入的调查，发现遗址面积约 5 万平方米。1954 ~ 1957 年，先后进行了五次较大规模的发掘，揭露面积 1 万平方米。已发掘出 46 座房屋、200 多个窖穴、6 座陶窑遗址、250 座墓葬，出土生产工具和生活用品约 1 万件，还有粟子、菜籽遗存。

2. 奴隶社会的建筑

（1）古埃及的建筑

目前古埃及吉萨金字塔中最大、保存最完好的三座金字塔是由第四王朝的三位皇帝胡夫（Khufu）、海夫拉（Khafra）和门卡乌拉（Menkaura）在公元前 2600 年——前 2500 年建造的。胡夫金字塔高 146.6m，底边长 230.35m；海夫拉金字塔高 143.5m，底边长 215.25m；门卡乌拉金字塔高 66.4m，底边长 108.04m。其中最大的是胡夫金字塔，它是一座几乎实心的巨石体，由 200 多万块巨石砌成。成群结队的人将这些大石块沿着地面斜坡往上拖，然后在金字塔周围以脚手架的方式层层堆砌。金字塔的旁边还有一些皇族和贵族的小小的金字塔和长方形的台式陵墓。最初铺盖金字塔的外层磨光的灰白色石灰石块几乎全部消失。如今见到的是下面淡黄色的石灰大石块，显露出其内部结构。金字塔中心有墓室，可以从甬道进去，墓室顶上分层架着几块儿十吨重的大石块。

（2）古印度的建筑

古印度最具代表性的佛塔建筑为桑奇大塔 · 窣堵坡，又称窣堵坡。其基本形制是用砖石垒筑成圆形或方形的台基，周围一般建有右绕甬道，设一圈围栏，分设 4 座塔门，围栏和塔门上装饰有雕刻。在台基之上建有一半球形覆钵，即塔身，梵文称 and a，高 12.8m，直径 32m，塔身外为砌石，内为泥土，埋藏石函或雨函等舍利容器。

古印度另一代表性建筑为石窟，其中最具代表性的是卡尔利石窟，又名卡拉石窟。卡尔利石窟位于孟买东南方约 160km，目前共有 16 个洞窟出土，是古印度著名的早期佛教石窟群，其中第八窟支提窟是较为壮观、规模较大的支提窟，大约开凿于公元 40——公元 100 年间，正值印度安达罗王朝（Andhra Dynasty）晚期，然而内部雕刻则是在此后两个世纪内逐渐完成的，可以说体现了印度佛教的黄金时期。窟内主室是古代佛教教徒进行礼拜仪式的所在之外，其长 37.8m，宽 14.2m、高 13.7m，纵深颇长的 U 字形空间，由 37 根紧密排列的八角柱隔成中央厅堂及侧边回廊，窟顶为深筒状的圆拱顶，侧廊则为平顶，平行排列的岩凿肋拱乃是仿木结构建筑而成，是印度现存最大、最壮观的支提窟。“支提”是“塔”的意思。支提窟在洞窳的中央设有塔，所以又叫塔庙窟。支提窟的规模一般比较大，因为它是供信徒回旋巡礼和观像之用。为了使建筑结构更牢固，通常塔顶上接窟顶，就可以像柱子一样起到支撑的作用，因此被形象地称为中心柱。

（3）古希腊的建筑

古希腊建筑艺术成就中最具代表性的是雅典12城。雅典卫城具有古代希腊城市战时供市民避难的功能，是由坚固的防护墙壁拱卫着的山冈城市。雅典卫城面积约有4km²，坚固的城墙筑在四周，自然的山体使人们只能从西侧骂上卫城。高地东面、南面和北面都是悬崖绝壁，地形十分险峻。雅典卫城内前门、山门、雅典娜胜利女神殿、阿尔忒弥斯神殿等建筑，都仅存残垣。雅典卫城东南面的卫城博物馆馆藏丰富，建成于1878年，共有9室，珍藏雅典卫城内神庙中的珍贵石雕、石刻等。海神波塞冬送给人类一匹象征战争的壮马，而智慧女神雅典娜献给人类一棵枝叶繁茂、果实累累、象征和平的油橄榄树。人们渴望和平，厌恶战争，结果这座城归了女神雅典娜。从此，她成了雅典的保护神，雅典因之得名。后来，人们就把雅典视为“酷爱和平之城”。

（4）古罗马的建筑

古代的罗马人非常喜欢用框架结构建造建筑。古罗马建筑的类型很多，有古罗马万神庙、维纳斯和古罗马庙以及巴尔贝克太阳神庙等宗教建筑，也有皇宫、剧场角斗场、浴场以及广场和巴西利卡（长方形会堂）等公共建筑。其中具有代表性的建筑为万神庙与古罗马斗兽场。

万神庙位于意大利首都罗马圆形广场的北部，是罗马最古老的建筑之一，顶部采用了穹顶覆盖的集中式形制，是占罗马建筑风格穹顶技术的最高代表。万神庙穹顶直径达43.3m，顶端高度也是43.3m，穹顶中央开了一个直径8.9m的圆洞，透过圆洞照射进来的柔和的漫射光能够照见空阔的内部，有一种宗教的宁谧气息。穹顶的外面覆盖着一层镀金铜瓦，看起来比较高贵典雅。万神庙门廊高大雄壮、华丽浮艳，正面有长方形柱廊，柱廊宽34m，深15.5m，有科林斯式石柱16根，分三排，前排8根，中、后排各4根。柱身高14.18m，底径1.43m，是用整块埃及灰色花岗岩加工而成的，柱头是白色大理石，山花和檐头的雕像以及大门扇、瓦、廊子里的天花梁和板都是铜做的，并包着金箔，建筑整体非常壮观。

古罗马斗兽场，原名弗莱文圆形剧场，又被称为古罗马竞技场、古罗马大角斗场等，是古罗马帝国专供奴隶主、贵族和自由民观看斗兽或奴隶角斗的地方。古罗马斗兽场是古罗马时期最大的圆形角斗场，是公元72——公元82年间由4万名战俘用10年时间建造起来的，现仅存遗迹，位于意大利首都罗马市中心，威尼斯广场的南面，古罗马市场附近。斗兽场平面呈椭圆形，占地约2万平方米，外围墙高57m，相当于现代19层楼房的高度。该建筑为四层结构，外部全由大理石包裹，下面三层分别有80个圆拱，其柱形极具特色，按照多立克式、爱奥尼式和科林斯式的标准顺序排列，第四层则以小窗和壁柱装饰。场中间为角斗台，长86m，宽63m，仍为椭圆形，相当于一个足球场那么大。

斗兽场的看台是用三层混凝土制的筒形拱，每层有80个拱，形成三圈不同高度的环形券廊，最上层则是50m高的实墙。看台逐层向后退，形成阶梯式坡度。每层的80个拱形成了80个开口，最上面两层则有80个窗洞。整个斗兽场最多可容纳9万人，因入场设计周到而不会出现拥堵混乱，即使是今天的大型体育场依然沿用这种入场的设计。

（5）我国夏商周时期的建筑

河南洛阳二里头发现的夏代早期宫室遗址，是由数组周以回廊的庭院组成的。其主要殿堂置于广庭中部，下承夯土台基。台基平整，高出当时地面约0.8m，边缘呈缓坡状，斜面上有坚硬的石灰石或路土面，殿堂位于台基中部偏北，东西长30.4m，南北深11.4m，以卵石加固基址。建筑结构为木柱梁式，南北两面各有柱洞9个，东西两面各有柱洞4个，但柱网不是整齐划分的。壁体为木骨抹泥墙，屋面则覆盖着树枝茅草。

商代诸侯城以武汉市黄陂区盘龙城为例。盘龙城遗址位于长江北岸，距武汉市中心仅5km。盘龙城遗址的分布范围是两面临盆龙湖，南濒府河，仅西面有陆路相通。其内城东西长1100m，南北宽1000m，内城总面积约75400m²，外城总面积2.5km²，内城坐落在整个遗址的东南部，平面形状略呈方形，城内发现有三处大型宫殿基址。内城外散见居民区和酿酒、制陶、冶铜等手工作坊及墓地。盘龙城遗址出土的商代昔铜器不仅数量上远远超过郑州商城。而且不少是同时期胄铜器精品。盘龙城遗址还出土了数以万计的陶片，以及石器 100 多件。盘龙城发掘出的三座大型宫殿建筑，体现了我国古代前朝后寝即前堂后室的宫殿格局，奠定了中国宫殿建筑的基石。有些专家认为，盘龙城是商王朝南征的据点，是商王朝控制南方的战略资源的中转站，其城墙外陡内缓，易守难攻，军事目的较为明显，后来不断发展成为商王朝在南方的军事、政治中心。盘龙城可能是早期商王朝的都城，掌握着铜矿资源，为当时政治、军事、文化的中心。它的发现对于研究中国古代文化面貌、城市的布局与性质、宫殿的形制及建筑技术，都具有极其重要的价值。

3. 封建社会的建筑

亚洲封建时期的建筑代表有：中国的秦始皇陵、佛光寺、故宫，叙利亚的大马士革清真寺，印度的泰姬陵，韩国的景福宫等。欧洲封建社会时期的建筑代表有：哥特式的科隆大教堂、洛可可式的凡尔赛宫等。

（1）秦始皇陵

秦始皇陵是中国历史上第一位皇帝嬴政（公元前 259 前 210 年）的陵寝，是中国第一批世界文化遗产、第一批全国重点文物保护单位、第一批国家 AAAA 级旅游景区，位于陕西省西安市临潼区城东 5km 处的骊山北麓。陵墓近似方形，顶部平坦，腰部略呈阶梯形，高 76m，东西宽 345m，南北长 350m，占地 120750m^2。陵园以封土堆为中心，四周陪葬分布众多，其中最为壮观的是秦陵兵马俑的出土。

秦始皇兵马俑陪葬坑坐西向东，三坑呈品字形排列。最早发现的是一号俑坑，呈长方形，坑里有 8000 多个兵马俑，四面有斜坡门道。一号俑坑左右两侧各有一个兵马俑坑，称为二号坑和三号坑。

兵马俑坑是地下坑道式的土木结构建筑，即从地面挖一个深约 5m 的大坑，在坑的中间筑起一条条平行的土隔墙。墙的两边排列木质立柱，柱上置横木，横木和土隔墙上密集地搭盖棚木，棚木上铺一层希席，再羡盖黄土，从而构成坑顶，坑顶高出当时的地表约 2m。俑坑的底部用青砖鳗铺。坑顶至坑底内部的空间高度为 3.2m。陶俑、陶马放进俑坑后，用立木封堵四周的门道，门道内用夯土填实，于是就形成了一座封闭式的地下建筑。

（2）佛光寺

佛光寺地处五台县城东北 32km 处的佛光山山腰，始建于北魏孝文帝时期（公元471 ~ 499年），后因唐武宗禁止佛教而被毁，唐大宗十一年（公元857年）又因唐宣宗提倡佛教而重建，至今已有1000余年的历史，被列为佛教三大名寺之一。建于唐代的山腰大殿为正殿，坐东向西，称为东大殿。东大殿居高临下，雄伟古朴、气势壮观，是五台山最大的佛殿之一，无论是在构造做法上还是在造型比例上，都集中地反映了唐代木结构建筑的特点，在我国乃至世界建筑史上都占有重要地位。

东大殿采用梁柱木结构作为框架，以柱子承重，以桶卯固定接头，是一种柔性结构体系，已接近现代框架结构。房殿式屋顶，屋檐出挑近4m，坡度平缓，显得舒展平稳。殿身与屋顶之间的斗拱硕大，在整个立面中的尺度感和重域感特别突出，具有很好的结构作用和装饰效果。柱子向内倾，倾斜度由里向外依次加大，起到了稳定大殿的作用。大殿中央有一尊佛像，为衬托佛像的高大，建筑者有意将佛像伸出柱身，并使其后背光与后排柱头斗拱的出挑、天花的斜度相一致，达到了佛像与建筑空间紧密结合的效果，加上内外槽上部繁密的天花与简洁明快的梁桁、斗拱以及精致的背光等形成强烈的对比，充分体现出唐代建筑艺术处理空间位置的特色。

（3）北京故宫

北京故宫始建于公元1406年，公元1420年基本竣工。故宫南北长961m，东西宽753m，占地面积72万m^2，建筑面积15.5万m^2。有大小宫殿七十多座，房屋九千余间，是世界上现存规模最大，保存最为完整的木结构古建筑之一。宫城周围环绕着高12m，长3400m的宫墙，墙外有52m宽的护城河环绕，形成一个壁垒森严的城堡。故宫宫殿建筑均是木结构、黄琉璃瓦顶、青白石底座，饰以金碧辉煌的彩画。故宫有4个门，正门名午门，东门名东华门，西门名西华门，北门名神武门。

一条中轴贯通着整个故宫，这条中轴又在北京城的中轴线上。三大殿、后三宫、御花园都位于这条中轴线上。在中轴宫殿两旁，还对称分布着许多殿宇，也都宏伟华丽。这些宫殿可分为外朝和内廷两大部分。外朝以太和、中和、保和三大殿为中心，文华殿、武英殿为两翼；内廷以乾清宫、交泰殿、坤宁宫为中心，东西六宫为两翼，布局严谨有序。故宫的四个城角都有精巧玲珑的角楼，造型精巧美观。

（4）大马士革清真寺

大马士革清真寺（The Great Mosque of Damascus）坐落在叙利亚首都大马士革旧城中央，位于古罗马的朱庇特神庙（Temple of Jupiter，公元1世纪）和早期基督教的圣约翰教堂（Church of St，John，公元5世纪）的旧址之上。

清真寺的主体由3个封闭式的圆柱大殿和环抱东、北、西三面的列柱拱顶长廊组成，长158m，宽100m，总建筑面积为1580m^2。礼拜大殿位于庭院南部，用巨大石块砌成，长136m，宽37m，被合抱的大理石柱子分成3楹间，大殿内金碧辉煌，墙壁、梁柱、讲台均用大理石、瓷砖和五彩玻璃镶嵌，并雕刻有精致的图案，圆柱的柱头一律涂成金色。4个半圆形的凹壁用黄金和宝石细工镶嵌。大殿正门是凯旋式的穹形大门，门廊和前厅连在一起，门两边各有圆柱。庭院中间有公元976年修建的一座大理石的水池，供沐浴之用。

寺院分为两层，用大理石柱子支撑。寺院围墙东西长385m，南北宽305m，墙里附有一圈拱廊，拱廊墙壁上有用金砂、石块和贝壳镶嵌成的巨大彩色壁画，描绘倭马亚朝时期的盛景。寺院大门高达10多米。主体建筑的礼拜大厅在寺院南面，用巨大石块筑成，大殿长136m，宽37m。大殿正面为仿拜占庭宫殿式样，有凯旋式穹顶大门，门两旁由合抱的大理石圆柱支撑，柱顶为皇冠形，柱头镀有闪闪发光的金箔。

（5）泰姬陵

泰姬陵是印度穆斯林艺术最完美的瑰宝，是世界遗产中的经典杰作之一，被誉为“完美建筑”，又有“印度明珠”的美誉。泰姬陵全称为“泰姬－玛哈尔陵”，是一座由白色大理石建成的巨大陵墓清真寺，是莫卧儿王朝的皇帝沙贾汗为纪念他心爱的妃子，于公元1631——公元1653年在阿格拉修建的，位于今印度距新德里200多千米外的北方邦的阿格拉（Agra）城内，亚穆纳河右侧，由山殿堂、钟楼、尖塔、水池等构成，全部用纯白色大理石建筑，用玻璃、玛瑙镶嵌，具有极高的艺术价值。

泰姬陵整个陵园是一个长方形，长576m，宽293m，总面积为17万平方米，四周被一道红砂石墙围绕。正中央是陵寝，在陵寝东西两侧各建有清真寺和答辩厅这两座式样相同的建筑，两座建筑对称均衡，左右呼应。陵的四方各有一座尖塔，高达40m，内有50层阶梯，是专供伊斯兰阿何拾级登高而建的。大门与陵墓山一条宽阔笔直的用红石铺成的甬道相连接，左右两边对称，布局工整。在甬道两边是人行道，人行道中间修建了一个十字形喷泉水池。泰姬陵的前面是一条清澄水道，水道两旁种植有果树和柏树，分别象征生命和死亡。

（6）景福宫

景福宫是朝鲜半岛历史上最后一个统一王朝——朝鲜王朝（李氏朝鲜）的正宫（法宫）。位于朝鲜王朝国都汉城（今韩国首尔），又因位于城北部，故又称“北阙”，是首尔五大宫之首，是朝鲜王朝前期的政治中心。景福宫东面是建春门，西面是迎秋门，北面是神武门。景福宫内有勤政殿、思政殿、康宁殿、交泰殿、慈庆殿、庆会楼、香远亭等殿阁。景福宫的正殿勤政殿是韩国古代最大的木结构建筑物，雄伟壮丽，是举行正式仪式以及接受百官朝会的大殿。

（7）科隆大教堂

科隆大教堂（Kolner Dom，全名 Ho he Domkirche St，Peter und Maria）是位于德国科隆的一座天主教主教座堂，是科隆市的标志性建筑物。它是欧洲北部最大的教堂，集宏伟与细腻于一身，被誉为哥特式教堂建筑中最完美的典范。它始建于 1248 年，工程时断时续，至 1880 年才由德皇威廉一世宣告完工，耗时超过 600 年，至今仍修缮工程不断。

教堂占地 8000m^2. 建筑面积约 6000m^2，东西长 144.55m，南北宽 86.25m，面积相当于一个足球场。它是由两座最高塔为主门、内部以十字形平面为主体的建筑群。一般教堂的长廊多为东西向三进，与南北向的横廊交会于圣坛呈十字架形，而科隆大教堂为罕见的五进建筑，内部空间挑高又加宽，高塔将人的视线引向上天，直向苍穹象征人与上帝沟通的渴望。自 1864 年科隆发行彩票筹集资金至 1880 年落成，它不断被加高加宽，而且建筑物全部由磨光石块砌成，共 16 万吨石头，如同石笋般建筑而成，整个工程共用去 40 万吨石材。教堂中央是两座与门墙连砌在一起的双尖塔，南塔高 157.31m，北塔高 157.38m，是全欧洲第二高的尖塔（仅次于乌尔姆大教堂），教堂外形除两座高塔外，还有 1.1 万座小尖塔烘托。双尖塔像两把锋利的宝剑，直插云霄。

科隆大教堂里的彩色玻璃也十分引人注目。上面描绘着圣经《旧约全书》

和《新约全书》里的一些故事。玻璃使用了大最的金色、红色、蓝色和绿色。金色喻示天堂和永恒，红色表示爱，蓝色表示信仰，绿色则表示希望。从教堂南塔楼的下面有一个直通到教堂顶上的狭窄的楼梯，扶梯而上可以俯览科隆的景观。

（8）凡尔赛宫

凡尔赛宫位于法国巴黎西南郊外伊夫林省省会凡尔赛镇，是巴黎著名的宫殿之一，也是世界五大宫殿之一。凡尔赛宫殿为古典主义风格建筑，立而为标准的古典主义三段式处理，即将立面划分为纵、横三段，建筑左右对称，造型轮廓整齐、庄重、雄伟，被称为是理性美的代表。其内部装潢则以巴洛克风格为主，少数厅堂为洛可可风格，其特点是外形自由，追求动态效果，喜好富丽的装饰和雕刻以及强烈的色彩，常用曲线穿插和椭圆形空间的圆顶以及法国传统的尖顶建筑风格，采用了平顶形式，显得端正而雄浑。宫殿外壁上端，林立着大理石人物雕像，造型优美，栩栩如生。

4. 欧洲资本主义萌芽时期的建筑

文艺复兴时期出现了大量世俗建筑，如：府邸别墅、城市广场、园林建筑等，其风格也纷纷世俗化，拉近了与人的距离，平添了许多亲切感和人情味。

这一时期不论是世俗建筑还是宗教建筑，均表现出对古代经典建筑艺术的回归。古希腊、古罗马时期的经典柱式再度成为建筑造型的主题，半圆形拱券、厚实的墙面、穹顶等要素也被发掘出来，用来突显哥特式建筑的尖券、尖塔和垂直向上的束柱、飞扶壁等。在结构和施工上，文艺复兴建筑则使用了许多新技术。如：混合应用梁柱系统与拱券结构；大型建筑外墙用石材、内部用砖，或下层用石、上层用砖砌筑；在方形平面上加鼓形座和圆顶；穹顶采用内外壳和肋骨等。

与前代相比，文艺复兴时期建筑类型与样式都大大增多。大师们灵活变通、大胆创新，把古典柱式同各地建筑的风格巧妙融合在一起，使西方建筑更加丰富多彩。

（1）圣彼得大教堂

圣彼得大教堂（St，Peters Basilica Church）又称圣伯多禄大教堂、梵蒂冈大殿，由米开朗基罗设计，是位于梵蒂冈的一座天主教宗座圣殿，建于

1506 ~ 1626 年，为天主教会重要的象征之一。

作为最杰出的文艺复兴建筑和世界上最大的教堂，其占地 23000m²，可容纳超过六万人，教堂中央是直径 42m 的穹窿，顶高约 138m，前方则为圣彼得广场与协和大道。虽然并不是所有天主教堂的“母堂”，亦不是罗马主教（教宗）的主教座堂，但圣彼得大教堂仍被视为是天主教会最神圣的地点。

意大利文艺复兴时期的多位建筑师与艺术家多纳托·伯拉孟特、拉斐尔、米开朗基罗和小安东尼奥·达 · 桑加罗等都曾参与圣彼得大教堂的设计。堂内保存有欧洲文艺复兴时期许多艺术家，如：米开朗基罗、拉斐尔等的壁画与雕塑。

文艺复兴时期的圣彼得大教堂前广场是伯尼尼设计的，以 1586 年竖立的方尖碑为中心，是横向长圆形的，和教堂之间使用梯形广场连接，梯形广场的地面向着教堂逐渐升高，广场被柱廊包围，有四排粗重的塔斯干柱子，间距很小。

檐头上面竖立着 87 尊圣徒雕像，柱子密密实实，光影变化剧烈，柱式严谨，布局简练，构思是巴洛克式的。在方尖碑的两侧各有一个喷泉，显示了广场的几何形状，从广场中央可以看见大教堂的穹顶，展示了观赏大教堂的最佳位置。

（2）佛罗伦萨大教堂

佛罗伦萨大教堂（Basilica di Santa Maria del Fiore）又名花之圣母大教堂或圣母百花大教堂，是世界五大教堂之一。佛罗伦萨在意大利语中意味若花之都。大诗人徐志摩把它译作“翡冷翠”，这个译名远远比另一个译名“佛罗伦萨”来得更富诗意，具有更多色彩，也更符合古城的气质。教堂位于意大利佛罗伦萨历史中心城区，教堂建筑群由大教堂、钟塔与洗礼堂构成，1982 年作为佛罗伦萨历史中心的一部分被列入世界文化遗产。

佛罗伦萨主教堂的穹顶是世界上最大的穹顶之一，采用拜占庭教堂的集中形制，将古罗马万神庙的穹顶技术和哥特式的骨架结构结合起来，将穹顶设计为内外两层。内层是被铁环和木圈箍住的 24 根肋条构成的鱼骨券，以承担所有的重量；外层的功能则是遮挡风雨。穹顶平面直径为 42m，高 30m，这在当时被视为技术上的一个奇迹。

为了突出穹顶，修建者砌了一段 12m 高的鼓座，连同采光亭在内总高

107m，成为了整个城市轮廓线的中心，足以成为一个城市的标志性建筑物。在当时，这是建筑历史上的一次大幅度的进步。

（3）卢浮宫

卢浮宫（法语：Musee du Louvre）位于法国巴黎市中心的塞纳河北岸，位居世界四大博物馆之首。始建于1204年，原是法国的王宫，居住过50位法国国王和王后，是法国文艺复兴时期最珍贵的建筑物之一，以收藏丰富的古典绘画和雕塑而闻名于世。

现为卢浮宫博物馆，历经800多年的扩建重修达到今天的规模，占地约198公顷，分新、老两部分。宫前的金字塔形玻璃入口，占地面积为24公顷，是华人建筑大帅贝聿铭设计的。1793年8月10日，卢浮宫艺术馆正式对外开放，成为一个博物馆。

卢浮宫已成为世界著名的艺术殿堂，是最大的艺术宝库之一，是举世瞩目的万宝之宫。

5. 西方国家近代时期的建筑

（1）巴黎万神庙

法国巴黎万神庙是新古典主义时期的建筑。它是第一座由建筑师和结构师共同完成的建筑，被誉为第一座现代建筑。万神殿始建于1758年，于1790年完工。

巴黎万神庙是法国大革命时期新古典主义风格的典型作品，追求建筑形体的单纯、单独和完整，强调细节的朴实，形式合乎结构逻辑，且减少了纯装饰性构件，渗透着古希腊风格。

万神庙采用了穹顶覆盖的集中式形制，重建后的万神庙是单一空间、集中式构图的建筑物的代表，它也是罗马穹顶技术的最高代表。万神庙平面是圆形的，穹顶直径达43.3m，顶端高度也是43.3m。按照当时的观念，穹顶象征天宇。穹顶中央开了一个直径8.9m的圆洞，可能寓意着神的世界和人的世界的某种联系。从圆洞照射进来柔和的漫射光，照亮空阔的内部有一种宗教的宁谧气息，穹顶的外面覆盖着一层镀金铜瓦。

（2）德国勃兰登堡门

德国柏林勃兰登堡门是一座新古典主义风格的砂岩建筑，由朗汉斯设计，仿照了古希腊雅典卫城的柱廊建筑风格。勃兰登堡门高26m，宽

65.5m，深 11m，由 12 根 15m 高、底部直径 1.75m 的多立克柱式立柱支撑着平顶，东西两侧各有 6 根爱奥尼柱式雕刻，前后立柱之间为墙，将门楼分隔成 5 个大门，正中间的通道略宽，是为王室成员通行设计的，只有王室成员和国王邀请的客人才允许从勃兰登堡门正中间的通道出入。大门内侧墙面用浮雕刻画了古罗马神话中最伟大的英雄海格力斯、战神玛尔斯以及智慧女神、艺术家和手工艺人的保护神米诺娃。

勃兰登堡门门顶中央最高处是一尊高约 5m 的胜利女神（古希腊神话中的尼刻，古罗马神话中的维多利亚）铜制雕塑，女神张开身后的翅膀，驾着一辆四马两轮战车面向东侧的柏林城内，右手持着带有橡树花环的权杖，花环内有一枚铁十字勋章，花环上站者一只展翅的鹰鹫，鹰鹫戴着普鲁士王国的皇冠。雕塑象征着战争胜利，是普鲁士雕塑家沙多夫的作品。与勃兰登堡门门楼相连的南北两边翼房曾用于守卫和柏林城墙拆毁后被改建成敞开的立柱大厅，以便和勃兰登堡门的风格相一致。勃兰登堡门的庄严肃穆、巍峨壮丽充分显示了处于鼎盛时期的普鲁士王国国都的威严。

（3）巴黎凯旋门

巴黎凯旋门是帝国风格的代表建筑。此种风格的崛起和拿破仑的倡导有着不可分割的关系。它的兴盛与衰败始终与拿破仑的命运紧紧联系在一起，这些建筑都是以古罗马帝国雄伟庄严的建筑为灵感和样板。它们体量巨大，外形单纯，追求形象的雄伟、冷静和威严。巴黎凯旋门以古罗马凯旋门为范例，但其规模更为宏大，结构风格更为简洁。整座建筑除了檐部、墙身和墙基以外，不做任何大的分划，不用柱子，连扶壁柱也被免去，更没有线脚。它摒弃了古罗马凯旋门的多个拱券的造型，只设一个拱券，简洁庄严。

6. 当代建筑的发展

（1）悉尼歌剧院

悉尼歌剧院（Sydney Opera House）位于悉尼市区北部，是悉尼市地标建筑物，由丹麦建筑师约恩·乌松（Jorn Utzon）设计，一座贝壳形屋顶下方是结合剧院和厅室的水上综合建筑。歌剧院内部建筑结构则是仿效玛雅文化和阿兹特克神庙修建的。该建筑于 1959 年 3 月开始动工，于 1973 年 10 月 20 日正式竣工交付使用，共耗时 14 年。

悉尼歌剧院是澳大利亚的地标建筑，也是 20 世纪最具特色的建筑之一，

2007 年被联合国教科文组织评为世界文化遗产。

（2）美国国家美术馆

美国国家美术馆位于美国国会大厦西阶，国家大草坪北边和宾夕法尼亚大街夹角地带，由两座风格迥然不同的花岗岩建筑组成。一座在西，为新古典式建筑，有着古希腊建筑风格。一座在东，是一幢充满现代风格的三角形建筑。两座建筑共同组成了美国国家美术馆。这两座建筑中，西边的一座长 240m，底层建筑面积 4.7 万平方米。

7. 中华人民共和国成立后的建筑

（1）人民大会堂

人民大会堂位于北京天安门广场内侧，西长安街南侧。人民大会堂坐西朝东，南北长 336m，东西宽 206m，高 46.5m，占地面积 15 万平方米，建筑面积 17.18 万平方米。

人民大会堂壮观巍峨，建筑平面呈“山”字形，两翼略低，中部稍高，四面开门。外表为浅黄色花岗岩，上有黄绿相间的琉璃瓦屋檐，下有 5m 高的花岗岩基座，周围环列有 134 根高大的圆形廊柱。人民大会堂正门面对天安门广场，正门门额上镶嵌着中华人民共和国国徽，正门迎面有十二根浅灰色大理石门柱，正门柱直径 2m，高 25m。四面门前有 5m 高的花岗岩台阶。人民大会堂建筑风格庄严雄伟，壮丽典雅，富有民族特色，与四周层次分明的建筑构成了一幅天安门广场整体的庄严绚丽的图画。

（2）洛阳涧西苏式建筑群

洛阳涧西苏式建筑群是指“一五”期间，苏联在洛阳援建重点工程时建造的厂房和生活区等，主要包括洛阳拖拉机厂、洛阳铜加工厂等企业的厂房以及涧西区 2 号街坊、10 号街坊、11 号街坊等苏式建筑。

2011 年 5 月底，洛阳涧西苏式建筑群入选第三批中国历史文化名街，涧西工业遗产街是历届唯一入选的工业遗产项目。2013 年 5 月，该建筑群被国务院核定公布为第七批全国重点文物保护单位。

（三）建筑的基本构成要素

构成建筑的基本要素是指不同历史条件下的建筑功能、建筑的物质技术条件和建筑形象。

1. 建筑功能

建筑功能一是满足人体尺度活动所需的空间尺度，即人是建筑空间活动的主体，人体的各种活动尺度与建筑空间又有十分密切的关系。二是满足人的生理要求，即要求建筑应具有良好的朝向，有保温、防潮、隔声、防水、采光和通风的性能，为人们提供舒适的卫生环境。三是满足不同建筑使用特点要求，即不同性质的建筑物在使用上又有不同的特点。

满足建筑功能要求是建筑的主要目的，体现了建筑的实用性，在构成的要素中起主导作用。

2. 建筑的物质技术条件

建筑的物质技术条件是建造建筑物的手段，一般包括建筑材料、土地、制品、构配件技术、结构技术、施工技术和设备技术（水、电、通风、空调、通信、消防、输送等设备技术）等。建筑的物质技术条件是建筑发展的重要因素。例如，建筑材料是构成建筑的物质基础，通过一定技术手段运用建筑材料构建建筑骨架，形成建筑空间的实体。建筑技术和建筑设备对建筑的发展同样起到重要作用，例如，电梯和大型起重设备的利用促进了高层建筑的发展、计算机网络技术的应用产生了智能建筑、节能技术的出现产生了节能建筑等。

建筑不可能脱离建筑技术而存在，例如，在19世纪中叶以前的几千年间，建筑材料是以砖、瓦、木、石为主，所以古代建筑的跨度和高度都受到限制，19世纪中叶到20世纪初，钢铁、水泥相继出现，为大力地发展高层和大跨度建筑创造了物质条件，可以说高度发展的建筑技术是现代建筑的一个重要标志。

3. 建筑形象

建筑除满足人们的使用要求外，又以它不同的空间组合、建筑造型、立面形式、细部与重点处理、材料的色彩和质感、光影和装饰处理等，构成一定的建筑形象。建筑的形象是建筑的功能和技术的综合反映。

不同时代的建筑有不同的建筑形象。如：古代建筑与现代建筑的形象就不一样，不同民族、不同地域的建筑也会产生不同的建筑形象，如：汉族和少数民族、南方和北方都会形成本民族、本地区各自的建筑形象。

建筑构成的三要素是相互联系、相互约束，又不可分割的辩证统一关系。建筑功能是建筑的目的，是主导因素；物质技术条件是达到建筑目的的手段；

而功能不同的各类建筑可以选择不同的结构形式和使用不同的建筑材料，形成不同的建筑形象。所以，在一定功能和技术条件下，应充分发挥设计者的主观作用，使建筑形象更加美观。

（四）建筑与风水

风水学是我国古代关于建筑环境规划和设计的一门学问，其历史悠久，源远流长，在民间广为流传。在长达几千年的发展中，它逐渐形成了完整的理论体系和各种流派，对中国的建筑，尤其是对住宅建筑和坟墓影响深远。随着改革开放的深入和对传统文化的整理和挖掘，人们对于风水与建筑有了更深刻的研究和认识。作为与建筑有关的中国传统文化的一个部分，对其了解和认识可以达到古为今用的目的。

风水，目前学术界公认的是晋代郭璞中首先提出的葬者，乘生气也。气乘风则散，界水则止。古人聚之则不散，行之使者止，故谓之风水。”这里说的是死人安葬需选择仃生气之地，生气遇风则散，有水则止，所以只有避风聚水才能获得生气。什么是生气？可以理解为生气能促发万物之生成，有生气之地是使万物获得蓬勃生机的一种自然环境。

什么地方能够避风聚水，这就是风水学中选择环境和处理环境的一套理论与方法。这套理论与方法构成了风水学的主要内容。风水学选择环境可以归纳为四个方面：觅龙、察砂、观水和点穴。

1. 觅龙

在风水学中，龙就是山脉，山上长植物，山中藏动物，从原始人类开始，生活就离不开山，由此而产生了对山的崇拜与信仰，成为人类对自然崇拜中很重要的一个内容。所以，在人类生存环境的选择上，首先要觅龙，即寻山。寻山首先从山脉的出姓开始，古人认为那里是祖宗居住的最高处，再找近处山脉的入首处，从远而近分别称为太祖山、太宗山、少祖山以及父母山，以后简化为祖山、少祖山以及主山。在找到山脉之后还要看山的形势，远观得势，近观得形，即要求群峰起伏，山势奔驰为好，认为这种山势为藏气之地。

2. 察砂

砂就是七山脉四周的小山。在主山的两侧有砂与侍砂相拥抱，能够遮挡外来的恶风，增加小环境的气势，在前面远处还有低平的迎砂，这就是贵地的象征。风水学又把这四周的山与象征着地上前后左右四方位的神兽相关联，形成左青龙、右白虎、前朱雀、后玄武的环抱形态，这就是觅龙察砂的理想环境。

3. 观水

除有龙、砂环绕的环境之外，还要观察水的状况。人的生命离不开水，尤其在长期处于农耕社会的中国，更是把水视作福之所倚、财之所依。所以风水学中把水视为比觅龙更为重要的内容。古人用眼、口、鼻检察水之色、味、气，从而判断水质之优劣，而水质之优劣又直接关系到环境之生气。

4. 点穴

即决定人居住的阳宅和葬地阴宅的位置。觅龙、察砂、观水已经决定了穴的最佳所在环境。但在具体确定一座阳宅、阴宅时，还有许多风水上的讲究。风水学中所说的理想环境应该背靠祖山，左有青龙，右有白虎，二山相辅前景开阔，远处有案山相对，有水流白山间流来，呈曲折绕前方而去，四周之山最好有层次，即青龙、白虎之外还有护山相拥，前方案山之外还有朝山相对；朝向最好坐南朝北。如此即形成一个四周有山环抱，负阴抱阳，背山面水的良好地段。这样一个相对封闭的空间，用现代科学观点来分析，无疑也是一个很好的自然生态环境。背山可以阻挡冬季寒风，前方开阔可以得到良好的日照，可以接纳夏日凉风，四周山丘可以提供木材、燃料，山上植被既能保持水土防止山洪，又能形成适宜的小气候，流水既能保证生活与农田灌溉用水，又适宜水中养殖。

风水学有关环境的选择，阳宅、阴宅的定点、定向，住房形态的论述与主张反映了实际生活的利弊，是经过实践证明行之有效的经验总结。背山面水、负阴抱阳的生态环境自然适合人的居住生活。但在风水学中的确也存在迷信槽粕的成分。例如，把自然环境中的山、水、道路和建筑的各种形态简单地与人间吉凶、福祸相联系，因而导出违背实际的结论。

因此，对于建筑与风水既需要进行研究又需要科学分析，更需要去粗取精地批判与继承，真正达到古为今用的效果。

第二节 建筑工程的基础理论

一、建筑工程的类别及建筑结构体系

建筑工程的类别有多种，可以按照建筑物的使用性质划分，也可以按照建筑物结构采用的材料划分，同时还可以按照建筑物主体结构的形式和受力系统（也称结构体系）划分。

（一）按建筑物的使用性质划分

1. 住宅建筑

例如，别墅、宿舍、公寓等。其特点是它的内部房间的尺度虽小，但使用布局却十分重要，对朝向、采光、隔热和隔音等建筑技术问题有较高要求。它的主要结构构件为楼板和墙体，层数 1 ～ 2 层至 10 ～ 20 层不等。

2. 公共建筑

例如，展览馆、影剧院、体育馆、候机大厅等。它是大量人群聚集的场所，室内空间和尺度都很大，人流走向问题突出，对使用功能及其设施的要求很高。经常采用将梁柱连接在一起的大跨度框架结构以及网架、拱、壳结构等为主体结构，层数以单层或低层为主。

3. 商业建筑

例如，商店、银行、商业写字楼等。由于它也是人群聚集的场所，因此有着与公共建筑类似的要求。但它往往可以做成高层建筑，对结构体系和结构形式有较高的要求。

4. 文教卫生建筑

例如，图书馆、实验楼、医院等。这类建筑有较强的针对性，如：图书馆有书库、实验楼要安置特殊实验设备、医院有手术室和各种医疗设施。这种建筑物经常采用框架结构为主体结构，层数以 4 ～ 10 层的多层为主。

5. 工业建筑

例如，重型机械厂房、纺织厂房（单层轻工业）、制药厂房、食品厂房（多层轻工业）等。它们往往有很大的荷载，沉重的撞击和振动需要巨大的空间，而且经常有湿度、温度、防爆、防尘、防菌、洁净等特殊要求以及要考虑生

产产品的起吊运输设备和生产路线等。单层工业建筑经常采用的是钗接排架结构，多层工业建筑往往采用刚接框架结构。

6. 农业建筑

例如，暖棚、畜牧场、大型养鸡场等。通常采用的是轻型钢结构。

（二）按建筑物结构采用的材料划分

1. 砌体结构

采用砖、石、混凝土砌块等砌体形成，主要用于建筑物的墙体结构。

2. 钢筋混凝土结构

采用钢筋混凝土或者预应力混凝土筑成，主要用于框架结构、剪力墙结构、筒体结构、拱结构、空间薄壳和空间折板结构等。

3. 钢结构

采用各种热轧型钢、冷弯薄壁型钢或钢管通过焊接、螺栓和铆钉等连接方法连接而成，主要用于框架结构、剪力墙结构、筒体结构、拱结构等。

4. 木结构

采用方木、圆木、条木连接而成。但木材主要用于制作建筑物结构所用的木梁、木柱、木屋架、木屋面板等。

5. 薄壳充气结构

主要用于屋盖结构。

（三）按建筑物的结构体系划分

1. 墙体结构

利用建筑物的墙体作为竖向承重和抵抗水平荷载（如：风荷载或水平地震荷载）的结构。墙体同时也可作为围护及房间分隔构件使用。另外，在高层建筑中墙体结构也称为剪力墙结构。

2. 框架结构

采用梁、柱组成的框架作为房屋的竖向承重结构，同时承受水平荷载。其中，梁和柱整体连接，相互之间不能自由转动但可以承受弯矩时，称为刚接框架结构；如梁和柱非整体连接，其间可以自由转动但不能承受弯矩时，称为较接框架结构。

3. 篇体结构

利用房间四周墙体形成的封闭筒体（也可利用房屋外围由间距很密的柱

与截面很高的梁组成一个形式上像框架，实质上是一个有许多窗洞的筒体）作为主要抵抗水平荷载的结构，也可以利用框架和筒体组合成框架－筒体结构。

4. 错列桁架结构

利用整层高的桁架横向跨越房屋两外柱之间的空间，并利用桁架交替在各楼层平面上错列的方法增加整个房屋的刚度，也使居住单元的布置更加灵活，这种结构体系称为错列桁架结构。

5. 拱结构

以在一个平面内受力，由曲线（或折线）形构件组成的拱所形成的结构来承受整个房屋的竖向荷载和水平荷载的结构。

6. 空间薄壳结构

由曲面形板与边缘构件（梁、拱或桁架）组成的空间结构。它能以较薄的板面形成承载能力高、刚度大的承重结构，并能覆盖大跨度的空间而无需中间设柱。

7. 空间折板结构

由多块平板组合而成的空间结构。它是一种既能承重又可围护，用料较省，刚度较大的薄壁结构。

8. 网架结构

由多根杆件按照一定的网格形式通过节点连接而成的空间结构，具有空间受力、质量轻、刚度大、可跨越较大跨度、抗震性能好等优点。

9. 钢索结构

指楼面荷载通过吊索或吊杆传递到支承柱上，再由柱传递到基础的结构。这种结构形式类似悬索结构的桥梁。

二、建筑物的等级

建筑物可以按照其耐火性能、耐久程度、重要与否等分为不同的建筑等级。设计时应根据不同的建筑等级，采用不同的标准和定额，选择相应的材料和结构形式。

（一）建筑物的耐久等级

建筑物耐久等级是指建筑物的使用年限。使用年限的长短由建筑物的性质决定。影响建筑物使用寿命的主要因素是结构构件的材料和结构体系。

例如，我国现行标准《建筑结构可靠性设计统一标准》（GB 50068-2018）对结构设计的使用年限做了如下规定：

1类：设计使用年限5年，适用于临时性的结构；

2类：设计使用年限25年，适用于易于替换的结构构件；

3类：设计使用年限50年，适用于普通房屋和构筑物；

4类：设计使用年限100年，适用于纪念性建筑和特别重要的建筑结构。

（二）建筑物的危险等级

危险的建筑物（危房）实际上是指结构已经严重损坏，或者承重构件已属危险构件，随时可能丧失稳定性和承载力，不能保证居住和使用安全的房屋。建筑物的危险性一般分为以下四个等级：

A级：结构承载力能满足正常使用要求，未发生危险点，房屋结构安全；

B级：结构承载力基本满足正常使用要求，个别结构构件处于危险状态，但不影响主体结构；

C级：部分承重结构承载力不能满足正常使用要求，局部出现险情，构成局部危房；

D级：承重结构承载力已不能满足正常使用要求，房屋整体出现险情，构成整幢危房。

（三）建筑结构的安全等级

我国现行标准《建筑结构可靠性设计统一标准》（GB 50068-2018）规定，建筑结构设计时，应根据结构破坏可能产生的后果（危及人的生命、造成经济社会影响等）的严重性，采用不同的安全等级。建筑结构安全等级划分为以下三个等级：

一级：破坏后果很严重，适用于重要的房屋；

二级：破坏后果严重，适用于一般的房屋；

三级：破坏后果不严重，适用于次要房屋。

三、工程建设程序

（一）概述

工程建设程序是在认识工程建设客观规律基础上总结出来的，是工程建设全过程中各项工作都必须遵循的先后顺序，也是工程建设各个环节相互衔接的顺序。

建筑工程作为一个国家工业、农业、文教卫生、科技和经济发展的基础和外部表现，它属于基本建设。由于建筑工程涉及的面广，内外协作配合环节多，关系错综复杂，因此一栋建筑物或者房屋的建造从开始拟定计划到建成投入使用必须按照一定的程序才能有条不紊地完成。

建筑工程的建设程序一般包括立项和报建、可行性研究、选择建设地点、编制勘察任务书、编制设计文件、建筑施工（含设备安装等）、竣工验收以及交付使用等内容。

1. 立项和报建

立项和报建是一项建筑工程项目建设程序的第一步。其主要内容是建设单位（或业主）对拟建项目的目的、必要性、依据、建设设想、建设条件以及可能性进行初步分析，对投资估算和资金筹措、项目的进度安排、经济效益和社会效益进行估价等，并将上述内容以书面的形式（项目建议书）报请上级主管部门批准后兴建。

2. 可行性研究

可行性研究是上级主管部门对拟建工程项目批准立项后，建设单位（或业主）组织有关人员或委托有关咨询机构对建设项目的技术和经济的可行性进行分析论证，为项目投资决策提供依据。通过对项目进行技术和经济论证及多方案比较，提出科学、客观的评价意见，确认可行后，编写可行性研究报告。另外，可行性研究报告是确定建设项目、编制设计文件的基本依据。因此，可行性研究是一项重要的决策准备工作。

3. 选择建设地点（选址）

按照建设布局需要和经济合理、节约用地的原则，考虑环境保护等方面的要求，调查原材料、能源、交通、地质水文等建设条件，在综合研究和进行多方案比较的基础上提出选址报告。并征得城市规划部门和上级主管部门同意批准后，才能最后确定建设地点。

4. 编制勘察任务书

在建设项目和可行性报告获得批准后，由建设单位（或业主）组织编写工程地质勘察任务。

5. 编制设计文件

在建设项目和可行性报告获得批准后，由建设单位（或业主）组织编写设计任务书。并以此设计任务书通过招标的方式择优选择设计单位。中标的设计单位按照设计任务书的要求编制设计文件。

设计单位交付建设单位(或业主)的设计文件一般有：全套的建筑、结构、给排水、供热制冷通风、电气等施工图纸以及必要的设计说明和计算书；工程概预算；协助建设单位编制的施工招标标底；主要结构、材料、半成品、建筑构配件品种和数量以及需用的设备等。

此外，设计单位在设计时，可分为初步设计和技术设计两个阶段，最终使这两个设计阶段的结果都落实到施工图设计阶段中去。

6. 建筑施工

在施工图设计阶段，设计的施工图纸必须经过施工才能使蓝图变成实际的建筑物或房屋。因此，建筑施工是建筑结构施工、建筑装饰施工和建筑设备安装的总称，一般由施工准备、各工种施工实施和竣工验收三部分组成。

7. 竣工验收

竣工验收是工程项目建设程序中最后的环节，是全面考核工程项目建设成果，检验设计和施工质量实施建设过程和事后控制的重要步骤，同时也是确认建设项目能否动用的关键步骤。所有建设项目在按照批准的设计文件所规定的内容建成之后，都必须组织竣工验收。竣工验收时，施工企业应向建设单位提交竣工图（即按照实际施工做法修改的施工图）、隐蔽工程记录、竣工决算以及其他有关技术文件。另外，施工企业还要提出竣工后在一定时间内保修的保证（即缺陷责任期）。

竣工验收一般以建设单位为主，组织使用单位、施工企业、设计单位、勘察单位、监理企业和质量监督机构共同进行。竣工验收后要评定工程质量的等级，验收合格后办理移交手续。

8. 交付使用

交付使用是工程项目实现建设目的的过程。在使用过程的法定保修期限内一旦出现质量问题，应通知施工单位或安装单位进行维修，因质量问题造成的损失由工程承包单位负责。

目前，我国建筑工程建设程序与计划经济体制下的建设程序相比发生了较大的变化。一是在工程项目决策阶段实施了项目咨询评估机制。即增加了项目建议书、可行性研究和评估等系列性工作，这使得决策科学化、民主化有了可能。二是实行了建设监理制。在工程项目建设过程中出现了社会化、专业化以及独立公正的“第三方”，使得工程项目建设呈现三足鼎立的格局。三是实行工程招标投标制。把市场竞争机制引入工程建设之中，为项目建设增添了活力。建设程序的这三大变化，使我国工程建设进一步顺应了市场经济的要求，而且与国际惯例基本趋于一致。

（二）与工程建设相关的机构

根据我国现行法规，除了政府的管理部门（行政管理、质轼监督等部门）和建设单位（或业主）以及建筑材料设备供应商之外，在我国从事建筑工程活动的单位主要还有房地产开发企业、工程总承包企业、工程勘察设计单位、工程监理单位、建筑企业以及工程咨询服务单位等。

（三）工程建设管理制度

从事建筑工程活动的企业及其相关管理、技术人员在开展建筑工程项目勘探、规划、设计、施工等一系列活动时，熟练掌握和理解我国现行工程建设管理制度十分必要。

1. 建设工程施工许可制

建设工程开工前，建设单位应当按照国家有关规定向工程所在地县级以上人民政府建设行政主管部门申请领取施工许可证，但是国务院建设行政主管部门确定的限额以下的小型工程除外。办理施工许可证应满足相应的条件。

2. 从业资格与资质制

从事建设活动的建筑施工企业、勘察单位、设计单位和工程监理单位，应当具备下列条件：

（1）有符合国家规定的注册资本；

（2）有与其从事的建设活动相适应的具有法定执业资格的专业技术人员；

（3）有从事相关建设活动所应有的技术装备；

（4）法律、行政法规规定的其他条件；

（5）从事建设活动的建筑施工企业、勘察单位、设计单位和工程监理单位，按照其拥有的注册资本、专业技术人员、技术装备和已完成的建设工程业绩等资质条件，划分为不同的资质等级，经资质审查合格，取得相应等级的资质证书后，方可在其资质等级许可的范围内从事建设活动；

（6）从事建设活动的专业技术人员，应当依法取得相应的执业资格证书，并在执业资格证书许可的范围内从事建设活动。

3. 建设工程招标投标制

工程建设项目包括项目的勘察、设计、施工、监理以及与工程建设有关的重要设备、材料等的采购，必须进行招标的项目有：

（1）大型基础设施、公用事业等关系社会公共利益、公众安全的项目；

（2）全部或者部分使用国有资金投资或者国家融资的项目；

（3）使用国际组织或者外国政府贷款、援助资金的项目；

（4）实行公开招标为主，确实需要采取邀请招标和议标形式的，要经过项目主管部门或主管地区政府批准。招标投标活动要严格按照国家有关规定进行，体现公开、公平、公正和择优、诚信的原则。对未按规定进行公开招标、未经批准擅自采取邀请招标和议标形式的，有关地方和部门不得批准开工。工程监理单位也应通过竞争择优确定。

4. 工程建设监理制

第一，国家推行工程建设监理制度。国务院规定实行强制监理的建设工程的范围。

第二，实行监理的建设工程，由建设单位委托具有相应资质条件的工程监理单位监理。建设单位与其委托的工程监理单位应当订立书面委托监理合同。

第三，建设工程监理应当依照法律、行政法规及有关的技术标准、设计文件和工程承包合同，对承包单位在施工质量、建设工期和建设资金使用等方面，代表建设单位实施监督。工程监理人员认为工程施工不符合工程设计要求、施工技术标准和合同约定的，有权要求建筑施工企业改正；工程监理人员认为工程设计不符合建筑质量标准或合同约定的质量标准要求的，应当报告建设单位要求设计单位改正。

5. 合同管理制

建设工程的勘察设计、施工、设备材料采购和工程监理都要依法订立合同。各类合同都要明确质量要求、履约担保和违约处罚条款，违约方要承担相应的法律责任。

6. 安全生产责任制

第一，工程安全生产管理必须坚持安全第一、预防为主的方针，建立健全安全生产的责任制度和群防群治制度。

第二，工程设计应当符合国家制定的建筑安全规程和技术规范，保证工程的安全性能。

第三，施工企业在编制施工组织设计时，应当根据工程的特点制定相应的安全技术措施；对专业性较强的工程项目，应当编制专项安全施工组织设计，并采取安全技术措施。

7. 工程质量责任制

国家对从事建筑活动的单位推行质量体系认证制度。从事建筑活动的单位根据自愿原则可以向国务院产品质量监督管理部门或者国务院产品质量监督管理部门授权的部门认可的认证机构申请质量体系认证。经认证合格的，由认证机构颁发质量体系认证证书。

8. 工程质量保修制

建设工程实行质量保修制度。建设工程承包单位在向建设单位提交工程竣工验收报告时，应当向建设单位出具质量保修书。质量保修书中应当明确建设工程的保修范围、保修期限和保修责任等。例如，在正常使用条件下，建设工程的最低保修期限为：

（1）基础设施工程、房屋建筑的地基基础工程和主体结构工程，为设计文件规定的该工程的合理使用年限；

（2）屋面防水工程，有防水要求的卫生间、房间和外墙面的防渗漏，为5年；

（3）供热与供冷系统，为2个采暖期和供冷期；

（4）其他项目的保修期限由发包方与承包方约定。

（5）建设工程的保修期，自竣工验合格之日起计算。

9. 工程竣工验收制

项目建成后必须按国家有关规定进行严格的竣工验收，由验收人员签字负责。项目竣工验收合格后，方可交付使用。对未经验收或验收不合格就交付使用的，要追究项目法定代表人的责任；造成重大损失的，要追究其法律责任。

10. 建设工程质量备案制

建设单位应当自工程竣工验收合格起15天内，向工程所在地的县级以上地方人民政府建设行政主管部门备案。

建设单位办理工程竣工验收备案应当提交有关文件资料等。

11. 建设工程质量终身责任制

第一，国家机关工作人员在建设工程质量监督管理工作中玩忽职守、滥用职权、徇私舞弊，构成犯罪的，依法追究刑事责任；尚不构成犯罪的，依法给予行政处分。

第二，建设、勘察、设计、施工、工程监理单位的工作人员因调动工作、退休等原因离开该单位后，被发现在该单位工作期间违反国家有关建设工程质量管理规定，造成重大工程质量事故的，仍应当依法追究法律责任。

第三，项目工程质量的行政领导责任人，项目法定代表人，勘察、设计、施工、监理等单位的法定代表人，要按各自的职责对其经手的工程质量负终身责任。如发生重大工程质量事故，不管调到哪里工作，担任什么职务，都要追究其相应的行政和法律责任。

12. 建设项目法人责任制

建设项目法人对项目的筹建、建设、运行与使用负全面的责任。建设项目除军事工程等特殊情况外，都要按政企分开的原则组成项目法人，实行建设项目法人责任制，由项目法定代表人对工程质量负总责任。项目法定代表人必须具备相应的政治、业务素质和组织能力，具备项目管理工作的实际经验。项目法人单位的人员素质、内部组织机构必须满足工程管理和技术上的要求。

13. 项目决策咨询评估制

国家大中型项目和基础设施项目，必须严格实行项目决策咨询评估制度。建设项目可行性研究报告未经有资质的咨询机构和专家的评估论证，有关审批部门不予审批；重大项目的项目建议书也要经过评估论证。咨询机构要对其出具的评估论证意见承担责任。

14. 工程设计审查制

工程项目设计在完成初步设计文件后，经政府建设行政主管部门组织工程项目内容所涉及的行业及主管部门依据有关法律法规进行初步设计的会审，会审后由建设行政主管部门下达设计批准文件，之后方可进行施工图设计。施工图设计文件完成后送具备资质的施工图设计审查机构，依据国家设计标准、规范的强制性条款进行审查签证后才能用于工程建设。

四、地下建筑工程

（一）地下建筑工程的概念及特点

地下建筑工程是建筑工程的分支。即建造在岩石中、土中或水底以下的建筑工程统称为地下建筑工程。它们一般都是以地下建筑物和地下构筑物的形式出现。

地下建筑工程可按照使用功能进行如下分类：

1. 工业建筑工程

例如，工厂、电站。

2. 民用建筑工程

例如，人民防空工程、地下商店、地下剧场。

3. 交通运输工程

例如，地下铁道、铁路和公路隧道。

4. 矿山建筑工程

例如，矿井。

5. 水工建筑工程

例如，输水道。

6. 军事工程

例如，指挥所、通信枢纽、军火库。

另外，还有各种公用服务性地下建筑工程。

地下建筑物的优点很多。例如，地下建筑物不受气象条件影响；对地面的工作和活动很少干扰；对环境保护有利；节约地面建筑占地；地下建筑物中气温一般温和而稳定；抗外界的噪声或震动的能力强；隐蔽性和防护性强。但是，地下建筑物也有不少缺点。例如，场地狭小，施工工序多，组织不好则彼此干扰大；地质和水文地质条件复杂，围岩安全稳定性要求严格；在施工时地下采光、通风、除尘等条件差。另外，地下建筑工程的投资较大。

地下建筑物的形式可以多种多样。例如，常用的有隧道式以及和地面建筑物相似的形式。地下建筑物在平面布置上有棋盘式和房间式。另外，还可以建成多层多跨的框架结构。

由于地下建筑物要承受四周岩层和土层传来的压力作用，因此地下建筑物的横截面最常用圆形、矩形、拱顶直墙、拱顶曲墙、地下建筑物因所处的位置与地上建筑物不同，因此在结构处理上有独特之处。即与岩（土）层接触处必须有衬砌结构。衬砌结构的作用主要是承受岩（土）层和爆炸等静力和动力荷载，防止地下水和潮气的侵入。

衬砌结构的材料一般为钢筋混凝土或砖、石等圬工材料。衬砌结构的形式，主要考虑地下建筑物的使用性质、地质水文条件以及施工方法等因素。为了保证衬砌四壁基本处于受压而较少受弯、受拉的受力条件，最适宜的衬砌结构外形是介于圆形和蛋形之间。

（二）地下建筑物的应用

综合管廊（日本称“共同沟”，中国台湾称“共同管道”），就是地下城市管道综合走廊。即在城市地下建造一个隧道空间，将电力、通信、燃气、供热、给排水等各种工程管线集于一体，设有专门的检修口、吊装门和监测系统，实施统一规划、统一设计、统一建设和管理，是保障城市运行的重要基础设施和“生命线”。

地铁是铁路运输的一种形式，是指在地下运行为主的城市轨道交通系统，即“地下铁道”或“地下铁”（Subway，tube，underground）的简称；此类系统为配合修筑的环境，并考量建造及营运成本，可能会在城市中心以外地区转成地面或高架路段。地铁是涵盖了城市地区各种地下与地上的路权专有、高密度、高运量的城市轨道交通系统（Metro），在我国台湾地铁被称为“捷运”（Rapid Transit）。

除了地下铁以外，也包括高架铁路（Elevated Railway）或路面上专有的、无平交，这也是地铁区别于轻轨交通系统的根本性标志。世界上最早的（也是第一条）地铁是英国伦敦的大都会地铁，始建于 1863 年。

京张高铁八达岭长城站是世界最深、亚洲最大的地下高铁站。它不仅是 2022 年北京冬奥会的重要交通设施之一，也是京包兰快速客运通道的重要组成部分，连接西北和华北。车站最大埋深 102m，地下建筑面积 3.6 万平方米，是目前国内埋深最大的高速铁路地下车站；车站主洞数轼多、洞型复杂、交叉节点密集，是目前国内最复杂的暗挖洞群车站；车站两端渡线段单洞开挖跨度达 32.7m，是目前国内单拱跨度最大的暗挖铁路隧道；旅客进出站提升高度 62m，是目前国内旅客提升高度最大的高速铁路地下车站。

车站设计首次采用叠层进出站通道形式，首次采用环形救援廊道设计，首次采用一次提升长大扶梯及斜行电梯等先进设备，首次采用精准微损伤控制爆破等先进技术，体现了对旅客、环境及文物最大的尊重和保护。

五、构筑物

（一）水池和水塔

香港跑马地地下蓄洪池容量达 6 万立方米，相当于 24 个标准游泳池。蓄洪设施位于跑马地游乐场地下，于 2012 年动工，耗资 10.7 亿港元。这一蓄洪池采用“可调式溢流堰”设计，结合“数据采集与监控”系统，实时监控潮水和箱形暗渠内的水位高低，自动控制溢流堰，即水闸的升降，并配合暗渠内的水位变化，于暴雨期间适时储存上游集水区的部分雨水，以避免暗渠过早或过晚溢流到蓄洪池，从而减少下游地区排水系统的高峰流量，达到防洪效果。这种技术在香港工程界是首次采用。

（二）烟囱

烟囱是一种为锅炉、炉子或壁炉的热烟气或烟雾提供通风的结构。烟囱通常是垂直的，或尽可能接近垂直，以确保气体平稳流动，吸入空气进入所谓的烟囱燃烧或烟囱效应。烟囱内的空间被称为烟道。烟囱通常设置在建筑物、蒸汽机车和船只上。

烟囱的高度影响其通过烟囱效应将烟道气体输送到外部环境的能力。此外，在高海拔地区使用烟囱时污染物扩散可以减少对周围环境的影响。在化学腐蚀性输出的情况下，足够高的烟囱可以允许空气中的化学物质在到达地平面之前部分或完全自我中和。污染物在更大面积上的分散可以降低其浓度并促进其符合法规限制。

（三）筒仓

筒仓是贮存散装物料的仓库，分为农业筒仓和工业筒仓两大类。农业筒仓用来贮存粮食、饲料等粒状和粉状物料；工业筒仓用以贮存焦炭、水泥、食盐、食糖等敞装物料。机械化筒仓的造价一般比机械化房式仓的造价高 1/3 左右，但能缩短物料的装卸流程，降低运行和维修费用，消除繁重的袋装作业，有利于机械化、自动化作业，因此已成为最主要的粮仓形式之一。

（四）冷却塔

冷却塔是用水作为循环冷却剂，从系统中吸收热量排放至大气中，以降低水温的装置。它是利用水与空气流动接触后进行冷热交换产生蒸汽，蒸汽挥发带走热量达到蒸发散热、对流传热和辐射传热等目的来散去工业上或制冷空调中产生的余热来降低水温的蒸发散热装置，以保证系统的正常运行，装置一般为桶状。

（五）纪念碑

1. 人民英雄纪念碑

人民英雄纪念碑位于北京天安门广场中心，是中华人民共和国成立后首个国家级公共艺术工程，也是中国历史上最大的纪念碑。

人民英雄纪念碑通高 37.94m，正面（北面）是一整块石材，长 14.7m、宽 2.9m、厚 1m，重 60.23t，镌刻着毛泽东同志于 1955 年 6 月 9 日所题写的“人民英雄永垂不朽”八个金箔大字。背面由 7 块石材构成，内容为毛泽东起草、周恩来书写的 150 字小楷字体碑文。

2. 华盛顿纪念碑

华盛顿纪念碑是为纪念美国首任总统乔治 - 华盛顿而建造的，它位于华盛顿市中心，在国会大厦、林肯纪念堂的轴线上，是一座大理石方尖碑，呈正方形，底部宽 22.4m，高 169.045m，纪念碑内有 50 层铁梯，也有 70s 到顶端的高速电梯。

纪念碑内墙镶嵌着 188 块由私人、团体及全球各地捐赠的纪念石，其中一块刻有中文的纪念石是我国清政府赠送的。纪念碑的四周是碧草如茵的大草坪，这里经常举行集会和游行。

（六）电视塔

东方明珠广播电视塔是上海的标志性文化景观之一，位于浦东新区陆家嘴，塔高约 468m。该建筑于 1991 年 7 月兴建，1995 年 5 月投入使用，承担上海 6 套无线电视发射业务，地区覆盖半径 80km。东方明珠广播电视塔是国家首批的 AAAAA 级旅游景区。塔内有太空舱、旋转餐厅、上海城市历史发展陈列馆等景观和设施，1995 年被列入上海十大新景观之一。

第三节 建筑的构造

一、概述

建筑构造是指建筑物各组成部分基于科学原理的材料选用及其做法。其任务是根据建筑物的功能、材料性质、受力情况、施工方法和建筑形象等要求选择合理的构造方案，以作为建筑设计中综合解决技术问题及进行施工图设计的依据。它具有实践性和综合性强的特点。它涉及到建筑材料、力学、结构、施工等相关知识。

建筑构造是建筑设计不可分割的一部分，其研究建筑物各组成部分的构造原理和构造方法，具有很强的实践性和综合性，内容涉及建筑材料、建筑物理、建筑力学、建筑结构、建筑施工，以及建筑经济等有关方面的知识。研究建筑构造的主要目的是根据建筑物的功能要求，提供符合适用、安全、经济、美观的构造方案，以此作为建筑设计中综合解决技术问题、进行施工图设计、绘制大样图等的依据。

解剖一座建筑物，不难发现它是由许多部分所构成的，这些构成部分在建筑工程上被称为构件或配件。

建筑构造原理是综合多方面的技术知识，根据各种客观条件，以选材、造型、工艺、安装等为依据，研究这些构配件及其细部构造的合理性和经济性，更有效地满足建筑使用功能的理论。

构造方法是指运用各种材料，有机地制造、组合各种构配件，并提出解决各构配件之间互相组合的技术措施。

二、构造组成

（一）基础

基础与地基直接接触是建筑物最下部的承重构件，其作用是承受建筑物的全部荷载，并将这些荷载传给它下面的土层地基。因此，基础必须坚固稳定、安全可靠，并能抵御地下各种有害因素的侵蚀。

（二）墙或柱

墙是建筑物的承重构件和围护构件。作为承重构件，墙承受着建筑物由屋顶和楼板层传来的荷载，并将这些荷载传给基础。当以柱代墙起承重作用时，柱间的填充墙只起围护作用。作为围护构件，外墙起着抵御自然界各种因素对室内侵袭的作用；内墙起分隔房间和创造室内舒适环境的作用。为此，要求墙体要有足够的强度、稳定性、隔热保温、隔声、防水及防潮、防火、耐久等性能。

柱是框架或排架结构的主要承重构件，和承重墙一样承受着屋顶和楼板层及吊车传来的荷载，它必须具有足够的强度、刚度和稳定性。

（三）楼板层

楼板层是建筑水平方向的承重和分隔构件，它承受着家具、设备和人体荷载及本身的自重，并将这些荷载传给墙或柱。同时，楼板层将建筑物分为若干层，并对墙体起着水平支撑的作用。楼板层应有足够的强度、刚度、隔声、防水、防潮、防火等能力。地坪层是底层房间与土壤层相接触的部分，它承受着底层房间内部的荷载。地坪层应具有坚固、耐磨、防潮、防水和保温等性能。

（四）楼梯

楼梯是建筑的垂直交通构件，供人们上下楼层和紧急疏散使用。楼梯应有足够的通行能力以及防水、防滑的功能。

（五）屋顶

屋顶是建筑物最上部的外围护构件和承重构件。作为外围护构件，屋顶抵御着各种自然因素（风、雨、雪霜、冰雹、太阳辐射热、低温）对顶层房间的侵袭；作为承重构件，屋顶又承受风雪荷载及施工、检修等屋顶荷载，并将这些荷载传给墙和柱。因此，屋顶应有足够的强度、刚度及隔热、防水、保温等性能。此外，屋顶对建筑立面造型有重要的作用。

（六）门窗

门与窗均属非承重构件，门的主要作用是交通，同时还兼有采光、通风及分隔房间的作用；窗的主要作用是采光和通风，在立面造型中也占有较重要的地位。门、窗应有保温、隔热、隔声、防火排烟等功能。

建筑构件除了以上六大组成部分外，还有其他附属部分，如：阳台、雨篷、散水、台阶、烟囱、爬梯等。

三、影响因素

为了提高建筑物对外界各种影响的抵抗能力，延长使用寿命和保证使用质量，在进行建筑构造设计时，必须充分考虑到各种因素对它的影响，以便根据影响程度采取相应的构造方案和措施。

（一）外力作用的影响

作用在建筑物上的外力称为荷载。荷载的大小和作用方式是结构设计和结构选型的重要依据，它决定着构件的形状、尺度和用料，而构件的选材、尺寸、形状等又与建筑构造密切相关。因此，在确定建筑构造方案时。必须考虑外力的影响。

（二）自然环境的影响

自然界的风霜雨雪、冷热寒暖的气温变化，太阳热辐射等均是影响建筑物使用质量和使用寿命的重要因素。在建筑构造设计时，必须针对所受影响的性质与程度，对建筑物的相关部位采取相应的措施，如：防潮、防水、保温、隔热、设变形缝等。

（三）人为因素的影响

人们在从事生产和生活活动中，也常常会对建筑物造成一些人为的不利影响，如：机械振动、化学腐蚀、爆炸、火灾、噪声等。因此，在建筑构造设计时，应针对各种影响因素采取防振、防腐、防火、隔声等相应的构造措施。

（四）物质技术条件的影响

建筑材料、结构、设备和施工技术是构成建筑的基本要素之一，由于建筑物的质量标准和等级的不同。在材料的选择和构造方式上均有所区别。随着建筑业的发展，新材料、新结构、新设备和新工艺的不断出现，建筑构造要解决的问题越来越多、越来越复杂。

（五）经济条件的影响

为了减少能耗、降低建造成本及后期使用维护费用，在建筑方案设计阶段——影响工程总造价的关键阶段，就必须深入分析各建筑设计参数与造价的关系，即在满足适用、安全的条件下，合理选择技术上可行、经济上节约的设计方案。建筑构造设计是建筑设计不可分割的一部分，也必须考虑经济效益的问题。

四、设计原则

（一）满足建筑功能要求

满足使用功能要求是整个建筑设计的根本。建筑物的功能要求和某些特殊需要，如：保温、隔热、隔声、防振、防腐蚀等。在建筑构造设计时，应综合分析诸多因素，选择、确定最经济合理的构造方案。

（二）有利于结构安全

建筑物除根据荷载的性质、大小进行必要的结构计算，确定构件的必须尺寸外，在构造上需采用相应的措施，以保证房屋的整体刚度和构件之间的连接可靠，使之有利于结构的稳定和安全。

（三）适应建筑工业化的需要

为了提高建设速度，改善劳动条件，保证施工质量，在构造设计时，应大力推广先进技术，选用各种新型建筑材料，采用标准化设计和定型构配件，提高构配件间的通用性和互换性，为建筑构配件的生产工厂化，施工机械化和管理科学化创造有利条件，以适应建筑工业化的需要。

（四）考虑建筑节能与环保的要求

节约建筑用能有利于保护能源、发展国民经济、人所共知。在建筑构造设计时，要在我国颁布的有关建筑节能设计标准的基础上，选择节能环保的绿色建材，确定合理的构造方案，提高围护结构的保温、隔热、防潮、密封等方面的性能，从而减少建筑设备的能耗，节约能源、保护环境。

（五）经济合理

降低成本、合理控制造价指标是构造设计的重要原则之一。在建筑构造设计时，要严格执行建筑法规，注意节约材料。在材料的选择上，从实际出发、因地制宜、就地取材、降低消耗、节约投资。

（六）注意美观

建筑构造设计是建筑内外部空间以及造型设计的继续和深入，尤其某些细部构造处理不仅影响精致和美观，也直接影响整个建筑物的整体效果，应充分考虑和研究。

总之，在构造设计中，必须全面贯彻国家建筑政策、法规，充分考虑建筑物的使用功能、所处的自然环境、材料供应以及施工技术条件等因素，综合分析、比较，选择最佳的构造方案。

第二章 地基与基础工程施工技术

第一节 土方工程

一、土方施工基本知识

任何建筑物都要建在土石基础上，因此土方工程是建筑物及其他工程中不可缺少的施工工程。土方工程包括土方开挖、运输和填筑等施工过程，有时还要进行排水、降水和土壁支护等准备工作。在建筑工程中，最常见的土方工程有：场地平整、基坑开挖、填筑压实和基坑回填等。

（一）土方工程的种类

土方工程是建筑施工中主要分部工程之一，通常也是建筑工程施工过程中的第一道工序。土方工程根据施工内容和方法的不同，一般可以分为以下几种：

1. 土方填筑

土方填筑是对低洼处用土方分层填平，包括大型土方填筑，基坑、基槽、管沟回填等，前者与场地平整同时进行，后者在地下工程施工完后进行。对土方填筑，要求严格选择土料、分层填筑、分层压实。

2. 地下大型土方开挖

地下大型土方开挖是指在地面以下为人防工程、大型建筑物的地下室、深基础及大型设备基础等施工而进行的土方开挖。它涉及降低地下水位、边坡稳定及支护、邻近建筑物的安全防护等问题。因此，在开挖土方前，应进行认真研究，制定切实可行的施工技术措施。

3. 基坑（槽）及管沟开挖

基坑（槽）及管沟开挖是指在地面以下为浅基础、桩承台及地下管道等施工而进行的土方开挖，其特点是要求开挖的断面、标高、位置准确，受气候影响较大。因此，施工前必须做好施工准备，要制定合理的开挖方案，以加快施工进度，保证施工质量。

4. 场地平整

场地平整是将天然地面改造成所要求的设计平面，其特点是面广量大，工期长，施工条件复杂，受气候、水文、地质等多种因素影响。因此，施工前应深入调查，掌握各种详细资料，根据施工工程的特点、规模拟定合理的施工方案，并尽可能采用机械化施工，为整个工程的后续工作提供一个平整、坚实、干燥的施工场地，为基础工程施工做好准备。

（二）土方工程的施工特点

1. 工程量大

由于建筑产品的体积庞大，所以土方工程的工程量也大，通常为数百甚至数千立方米以上。

2. 劳动繁重，施工条件复杂

土方工程一般都在露天的环境下作业，所以施工条件艰苦。人工开挖土方，工人劳动强度大，工作繁重。土方施工经常受各地气候、水文、地质、地下障碍物等因素的影响，不可确定的因素也较多，施工中有时会遇到各种意想不到的问题。

3. 危险性大

土方工程施工有一定的危险性，应加强对施工过程中安全工作的领导。特别是在进行爆破施工时，飞石、冲击波、烟雾、震动、哑炮、塌方和滑坡等，对建筑物和人畜都会造成一定危害，有时甚至还会出现伤亡事故。

因此，在组织土方工程施工前，应详细分析施工条件，核对各项技术资料，进行现场调查并根据现场条件制定出技术可行、经济合理的施工方案。土方施工要尽量避开雨季，如不能避开则要做好防洪和排水工作。

（三）土的工程分类

土的种类繁多，其分类方法也很多。在土方工程施工中，根据土的开挖难易程度，将土分为松软土、普通土、坚土、砂砾坚土、软石、次软石、坚石、特坚石等八类，前四类为土，后四类为石。正确区分和鉴别土的种类，可以合理地选择施工方法和准确地套用公式定额计算土方工程费用。

（四）土的工程性质

土有多种工程性质，其中影响土方工程施工的有土的质量密度、可松性、含水量和渗透性等。

（五）土方施工机械

土方工程施工机械的种类繁多，有推土机、铲运机、平土机、松土机、单斗挖土机及多斗挖土机和各种碾压、夯实机械等。在建筑工程施工中，以推土机、护运机和挖掘机应用最广，也最具有代表性。现将这几种机械的性能、适用范围及施工方法予以介绍。

1. 推土机

推土机是土方工程施工的主要机械之一，是在拖拉机机头装上推土铲刀等工作装置而制成的机械。按铲刀的操纵机构不同，推土机可分为索式和液压式两种，目前多采用液压式；按其行走装置的不同，推土机可分为履带式和轮胎式两种，工程上常用的是履带式。

推土机可以独立完成铲土、运土和卸土三种作业，操纵灵活，运转方便，所需工作面较小，行驶速度快，易于转移，可爬 30° 左右的缓坡，因此应用比较广泛。推土机主要适用于第一类土至第三类土的浅挖短运，特别适用于场地清理和场地平整，也可用于开挖深度不大于 1.5 m 的基坑及沟槽回填。此外，在推土机后面还可牵引其他无动力土方施工机械，如：拖式铲运机、松土机及羊足碾等进行土方的其他作业。

推土机的推运距离应控制在 100 m 以内，如果推运距离过大，土将从推土铲刀两侧散失过多，不仅大大影响其生产效率，而且会造成动力的巨大浪费。工程实践证明，对于第四类以下的土的推运，其推运距离在 40 ~ 60 m 时，最能发挥其工作效能，是其最经济的推运距离。推土机的生产效率，主要取决于推土铲刀前推运的土体体积以及操作中切土、推运、回程等的工作循环时间。为了减少推运过程中土体的散失，提高推土机的生产效率，可采取以下施工方法：

（1）槽形推土法

推土机多次在一条作业线上工作，使地面形成一条浅槽，以减少从铲刀两侧散漏，这样作业可增加推土量 10% ~ 30%。槽深以 1m 左右为宜，槽间土埂宽约 0.5m。在推出多条槽后，再将土埂推人槽内，然后运出。

（2）下坡推土法

推土机顺着地面坡度沿下坡方向切土与推土，这样可借助机械本身的重力作用，增加推土能力和缩短推土时间。一般可以提高生产效率30% ~ 40%，但推土坡度不宜超过15°，否则推土机后退，爬坡困难。

（3）并列推土法

在大面积场地平整时，可采用多台推土机并列作业。通常两机并列推土可增大推土量15% ~ 30%，三机并列推土可增加30% ~ 40%。并列推土的运距宜为20 ~ 60 m。

（4）多铲集运法

在比较硬的土中，如果切土深度不大，可以采用多次铲土、分批集中、一次推运的方法，即将每次铲起的少量土先集中在一个地点，待达到一定量后再进行推运的方法，这样可以有效地利用推土机的功率，缩短运土的时间，提高生产效率。

2. 铲运机

铲运机是一种能综合完成全部土方施工工序（挖土、装土、运土、卸土和平土）的机械。按行走方式分为自行式铲运机和拖式铲运机两种。常用的铲运机斗容量有$2m^3$、$5m^3$、$6m^3$、$7m^3$等数种，按铲斗的操纵系统又可分为钢丝绳操纵和液压操纵两种。铲运机操纵简单，不受地形限制，能独立工作，行驶速度快，生产效率高。铲运机适于开挖第一类土至第三类土，常用于坡度20°以内的大面积土方挖、填、平整、压实，大型基坑开挖和堤坝填筑等。

伊运机运行路线和施工方法视工程大小、运距长短、土的性质和地形条件等而定，其运行路线可采用环形路线或“8”形字路线。其中拖式铲运机的适用运距为80 ~ 800 m，当运距为200 ~ 350 m时效率最高；而自行式伊运机的适用运距为800 ~ 1500 m。采用下坡铲土、跨铲法、推土机助铲法等，可缩短装土时间，提高土斗装土量，以充分发挥其效率。

3. 挖掘机

单斗挖掘机是在土方工程挖掘中应用广泛的施工机械，其种类非常多，可以根据工作需要更换其工作装置。按传动方式不同，可分为机械传动和液压传动两种；按行走方式不同，可分为履带式和轮胎式两种；按其工作装置不同，可分为正铲挖掘机、反铲挖掘机、拉铲挖掘机和抓炉挖掘机。

单斗挖掘机是以铲斗作为作业装置进行间歇循环式作业，其特点是挖掘能力强、生产效率高、结构通用性好，能适应多种作业的要求，但行驶速度慢，机动性较差。在运距超过 100 m、工程量又较大时，以挖掘机配以自卸汽车作为运土工具进行开挖土方较为合理、经济。单斗挖掘机的斗容量有 0.1 m^3 、0.2 m^3 、0.4 m^3 、0.5 m^3 、0.8 m^3 、1，0 m^3 、1，6 m^3 和 2.0 m^3 多种。

单斗挖掘机不同的工作装置，其适用范围是不同的。在由单斗挖掘机参加的土方作业施工中，单斗挖掘机通常是处于主导施工机械的地位，所以应使挖掘机充分发挥它的效能。在确定使用挖掘机时，应考虑其经济的最小工程量和最小工作面高度。

（1）正铲挖掘机

正铲挖掘机的工作特点是向前行驶，土斗由下向上强制切土，随挖土的进程向前开行，所以正铲挖掘机只开挖停机坪以上的第一类土至第四类土，并配备自卸车等运输车辆运土。正铲挖掘机挖掘力大，生产效率高，适于开挖土质较好、无地下水的土层。

正铲挖掘机按开挖路线与运输车辆的相对位置不同，其作业方式有以下两种：

①正向挖土，反向卸土

即挖掘机向前挖土，运输车辆停在挖土机后面装土，挖掘机和运输车辆在同一平面上。采用这种挖土方式，挖土工作面大，汽车不宜靠近挖掘机，需倒车到挖掘机后面装车，这种方式卸土时铲臂的回转角度大，在 180° 左右，生产率较低，只在基坑宽度较小、开挖深度较大时才采用。

②正向挖土，侧向卸土

即挖掘机向前挖土，运输车辆在挖掘机的侧面装土。这种开挖方法由于挖掘机卸土时铲臂的回转角度小，可避免汽车倒车和转弯较多的缺点，运输车辆行驶方便，因而应用较多。

当开挖基坑的深度超过挖掘机工作面高度时，应对挖掘机的开行路线和进出口通道进行规划，给出开挖平面和剖面图，以便于挖土机开挖。

（2）反铲挖掘机

反铲挖掘机适用于挖掘停机面以下第一类的土方至第三类的土方，主要用于开挖基坑（槽）或管沟，也可用于地下水位较高的土方开挖。反铲挖掘机的挖掘方式有沟端开挖和沟侧开挖两种。

①沟端开挖

沟端开挖是挖掘机停在基坑（槽）的端部，一边挖土一边后退，汽车停在两侧装土，当基坑宽度超过1.7倍挖掘机的最大挖土半径时，就要分次开挖或按“之”字形路线开挖。这种开挖方式挖土比较方便，挖土的深度和宽度均比较大。

②沟侧开挖

沟侧开挖是挖掘机停在基坑（槽）的一侧工作，边挖边平行于基坑（槽）移动。挖出的土可用汽车运走，也可弃于距基坑（槽）较远处。这种开挖方式挖土的深度和宽度均比较小，而且由于挖掘机的移动方向与挖土方向相垂直，所以稳定性比较差。因此，一般只在无法采用沟端开挖或所挖出的土不需运走时采用。

反铲挖掘机的工作特点是土斗自上向下强制切土，随挖随行或后退，主要用于开挖停机面以下的土壤，不需要设置进出口通道，其挖土深度和宽度取决于动劈与斗柄的长度，为液压传动反铲挖掘机工作尺寸与开挖断面之间的关系。

（3）拉铲挖掘机

拉铲挖掘机的工作装置简单，可直接由起重机改装，其特点为铲斗悬挂在钢丝绳下面无刚性的斗柄上。

由于拉铲支杆较长，铲斗在自重作用下落至地面时，借助于自身的机械能可使斗齿切人土中，故开挖的深度和宽度均较大，常用以开挖沟槽、基坑和地下室等，也可开挖水下和沼泽地带的土壤。

拉铲挖掘机的开行方式和反铲挖掘机一样，有沟端开行和沟侧开行两种。但这两种开挖方法都有边坡留土较多的缺点，需要大量的人工清理。如：挖土宽度较小又要求沟壁整齐时，则可采用三角形挖土法，即挖土机的停机点相互交错地位于基坑边坡的下沿线上，每停一点在平面上挖去一块三角形的土壤。这种方法可使边坡余土大大减少，而且由于挖、卸土时回转角度较小，所以生产率亦较高。

（4）抓铲挖掘机

抓铲挖掘机是在挖掘机的臂端用钢丝绳悬吊一个抓斗而组成的，结构非常简单，它在工作时土斗直上直下，利用自重切土抓取。由于其挖掘能力很低，生产效率不高，所以只能开挖第一类土、第二类土，主要适用于开挖深基坑的松土，也可用于窄而深的基槽或水中淤泥。抓铲挖掘机的挖掘半径取决于主机型号、动臂长度及仰角，可挖深度主要取决于所用的钢索长度。

4. 装载机

装载机是在普通汽车机头上安装铲斗组合而成的，其具有越野能力强、行驶速度快、操作较灵活、生产效率高、一机多用等特点，能够独立完成铲土、运土、卸土、填筑、整平等多项工作，一般适用于第一类土至第三类土的直接挖运，对于第四类土需要用松土机配合作业。所挖的土含水量不宜大于27%，否则会黏结铲斗，造成卸土困难，同样也不适用于砾石层、冻土地带及沼泽区的施工。最近几年，在土方工程施工中开始广泛采用装载机，它完全可以代替铲运机。

5. 土方机械的选择与合理配置

（1）土方机械的选择

土方机械的选择，通常应根据工程特点和技术条件提出几种可行的方案，然后进行技术经济分析比较，选择效率高、综合费用低的机械进行施工，一般选用土方施工单价最小的机械。在大型建设项目中，土方工程量很大，而当时现有的施工机械的类型及数量常常有一定的限制，此时必须将现有机械进行统筹分配，以使施工费用最小。一般可以用线性规划的方法来确定土方施工机械的最优分配方案。

（2）选择土方机械的要点

前面叙述了主要的挖土机械的性能和适用范围，现综合介绍选择土方施工机械的要点。

第一，当地形起伏不大、坡度在20° 以内、挖填平整土方的面积较大、土的含水量适当、平均运距短（一般在1 km以内）时，采用铲运机较为合适；如果土质坚硬或冬季冻土层厚度超过100mm ~ 150 mm时，就必须由其他机械辅助翻松再运。当一般土的含水量大于25%或黏土含水量超过30%时，铲运机会陷车，必须将水疏通后再施工。

第二，地形起伏大的山区丘陵地带，一般挖土高度在 3 m 以上，运输距离超过 1000 m，工程量较大且集中，一般可采用正（反）铲挖掘机配合自卸汽车进行施工，并在弃土区配备推土机平整场地。当挖土层厚度在 5 ~ 6m 以上时。可在挖土段的较低处设置倒土漏斗，用推土机将土推入漏斗中，并用自卸汽车在漏斗下装土并运走。漏斗上口尺寸为 3.5 m 左右，由钢框架支承，底部预先挖平以便装车，漏斗左右及后侧土壁应加以支护。也可以用挖掘机或推土机开挖土方并将土方集中堆放，再用装载机把土装到自卸汽车上运走。

第三，开挖基坑时，如果土的含水量较小，可结合运距、挖掘深度，分别选用推土机、铲运机或正铲（或反铲）挖掘机配以自卸汽车进行施工。当基坑深度为 1 ~ 2m、基坑不太长时，可采用推土机；对长度较大、深度在 2 m 以内的线状基坑，可用铲运机；当基坑较大、工程量集中时，可选用正铲挖掘机。如果地下水位较高，又不采用降水措施，或土质松软，可能造成机械陷车，则采用反铲、拉铲或抓铲挖掘机配以自卸汽车施工较为合适。移挖作填以及基坑和管沟的回填，运跑在 100 m 以内时可用推土机。

二、土方施工前的准备与辅助工作

（一）施工准备

第一，在场地平整施工前，应利用原场地上已有各类控制点，或已有建筑物、构筑物的位置、标高，测设平场范围线和标高。

第二，对于大型平整场地，利用经纬仪、水准仪，将场地设计平面图的方格网在地面上测设固定下来，各角点用木桩定位，并在桩上注明桩号、施工高度数值，以便施工。

第三，尽可能利用自然地形和永久性排水设施，采用排水沟、截水沟或挡水坝措施，把施工区域内的雨雪自然水、低洼地区的积水及时排除，使场地保持干燥，便于土方工程施工。

第四，对施工区域内的障碍物要调查清楚，制订方案，并征得主管部门的意见并同意后，拆除影响施工的建筑物、构筑物；拆除和改造通信和电力设施、自来水管道、煤气管道和地下管道；迁移树木。

第五，修好临时道路、电力、通信及供水设施，以及生活和生产用临时房屋。

（二）土方边坡与土壁支撑

1. 土方边坡

土方边坡坡度以其挖方深度与边坡底宽之比来表示。土方边坡坡度称为边坡系数。土方边坡大小应根据土质、开挖深度、开挖方法、施工工期、地下水位、坡顶荷载及气候条件等因素确定。

2. 土壁支撑

当开挖基坑（槽）受地质条件、场地条件或施工条件的限制，既不能采用放坡方式开挖，也不能采用降低地下水位的方法时，为保证施工的顺利和安全，减少对相邻已有建筑物的不利影响，可以采取加设支撑护壁的方法。

近年来，随着我国高层建筑的迅速发展，土壁支护技术也得到了相应发展和提高。目前，在建筑工程中常用的支护方式有：横撑式支撑、锚桩式支撑、板桩式支撑、排桩式支撑、土层锚杆支护、土钉支护和地下连续墙等。

（1）锚桩式支撑

锚桩式支撑也称锚碇式支撑，当开挖宽度较大的基坑时，横撑会因自由长度过大而稳定性差，或采用机械挖土不允许基坑内有水平支撑妨碍工作。打坑底以下的桩柱间距一般取 1.5m ~ 2.0m，锚桩必须设置在土坡破坏范围以外。

（2）横撑式支撑

横撑式适用于开挖较窄的沟槽，根据挡土板的不同，可分为水平挡土板式支撑和垂直挡土板式支撑两类，前者又可分为断续式和连续式两种。当挖土深度小于 3 m 并且是湿度较小的黏性土时，可采用断续式水平挡土板支撑；对于松散、湿度较大的土层，可采用连续式水平挡土板支撑；对于深度超过 5 m、松散和湿度很高的土壤，可采用垂直挡土板支撑。

由于垂直挡土板是在基坑开挖前将挡土板打入土层中，然后随挖随加设横向支撑，所以挖土深度一般不限，但必须注意横向支撑的刚度。

（3）板桩式支撑

在土质差、地下水位高的情况下，开挖深且面积大的基坑时，常采用板桩作为土壁的支护结构。板桩式支撑既可挡土也可挡水又可避免流沙的产生，防止临近地面的下沉。

①槽形钢板桩

这是一种简易的钢板桩支护挡墙，由槽钢正反扣搭接组成。槽钢长6 ~ 8m,型号由计算确定。由于其抗弯能力较弱,用于深度不超过4 m的基坑,顶部设一道支撑或拉锚。

②热轧锁口钢板桩

种类有：U 型；Z 型（又叫“波浪型”或“拉森型”）；一字型（又叫平板桩）；组合型。

常用的有 U 型和 Z 型两种，基坑深度很大时才用组合型。一字型钢板桩在建筑施工中基本上不用，在水工等结构施工中有时用来围成圆形墩隔墙。U 型钢板桩可用于开挖深度 5m ~ 10 m 的基坑，目前在上海等地区广泛使用。由于一次性投资较大，因此多以租赁方式租用，用后拔出归还。在软土地基地区钢板桩打设方便，有一定挡水能力，施工迅速，且打设后可立即开挖，当基坑深度不太大时往往是考虑的方案之一。

③钢板桩的打设

1）屏风式打入法

这种方法是将 10 ~ 20 根钢板桩成排插入导架内，呈屏风状，然后再分批施打。施打时先将屏风墙两端的钢板桩打至设计标高或一定深度，成为定位板桩，然后在中间按顺序分 1/3、1/2 板桩高度呈阶梯状打入。

这种打桩方法的优点是可以减少倾斜误差积累，防止过大的倾斜，而且易于实现封闭合拢，能保证板桩墙的施工质量。其缺点是插桩的自立高度较大，要注意插桩的稳定和施工安全，一般情况下多用这种方法打设板桩墙，它耗费的辅助材料不多，但能保证质量。

钢板桩打设允许误差：桩顶标高 ±100 mm，板桩轴线偏差 ±100 mm，板桩垂直度 1%。

2）单独打人法

这种方法是从板桩墙的一角开始，逐块（或两块为一组）打设，直至工程结束。这种打入方法简便、迅速，不需要其他辅助支架。但是易使板桩向一侧倾斜，且误差积累后不易纠正。因此，这种方法只适用于对板桩墙要求不高，且板桩长度较小（如：小于 10 m）的情况。

3）钢板桩的打设

先用吊车将钢板桩吊至插桩点处进行插桩，插桩时锁口要对准，每插入一块即套上桩帽轻轻加以锤击。在打桩过程中，为保证钢板桩的垂直度，用两台经纬仪在两个方向加以控制。为防止锁口中心线平面位移，可在打桩进行方向的钢板桩锁口处设卡板，阻止板桩位移。同时在围檩上预先算出每块板块的位置，以便随时检查校正。

钢板桩分几次打入，如果第一次由 20 m 高打至 15 m，第二次则打至 10 m，第三次打至导梁高度，待导架拆除后，第四次才打至设计标高。

打桩时，开始打设的第一、第二块钢板桩的打入位置和方向要确保精度，它可以起样板导向作用，一般每打入 1 m 应测量一次。

4）排桩式支护

排桩式支护结构常用的构件有型钢桩、混凝土或钢筋混凝土灌注桩和预制桩，支撑的方式有型钢及钢筋混凝土内支撑和锚杆支护。排桩式支护的布置形式，分为稀疏排桩支护、连续排桩支护和框架排桩支护三种。

①钢筋水泥桩挡墙

常用直径为 500mm ~ 1000 mm，由计算确定，做成排桩挡墙，顶部浇筑钢筋混凝土圈梁。

双排式灌注桩支护结构一般采用直径较小的灌注桩作双排布置，桩顶用圈梁连接，形成门式结构以增强挡土能力。当场地条件许可，单排桩悬臂结构刚度不足时，可采用双排桩支护结构。这种结构的特点是水平刚度大，位移小，施工方便。

② H 型钢支柱挡板支护挡墙

这种支护挡墙支柱按一定间距打入土中，支柱之间设木挡板或其他挡土设施（随开挖逐步加设），支护和挡板可回收使用，较为经济。它适用于土质较好、地下水位较低的地区，国外应用较多，国内亦有应用。如：北京京城大厦深 23.5 m 的深基坑即用的这种支护结构，将长 27 m 的 488 mm × 300 mm 的 H 型钢按 1.1 m 间距打入土中，用三层土锚拉固。

（5）土层锚杆支护

①土层锚杆的构造

锚固支护结构的土层锚杆通常由锚头、锚头垫座、支护结构、钻孔、防护套管、拉杆（拉索）、锚固体、锚底板（有时无）等组成。

②土层锚杆的主要组成

土层锚杆主要由锚头、拉杆和锚固体三部分组成。锚头由锚具、承压板、横梁和台座组成；拉杆可采用钢筋、钢绞线制成；锚固体是由水泥浆或水泥砂浆将拉杆与土体凝结成为一体的抗拔构件。

锚杆以土的主动滑动面为界，分为非锚固段和锚固段。非锚固段处在可能滑动的不稳定土层中，可以自由伸缩，其作用是将锚头所承受的荷载传递到主动滑动面外的锚固段。锚固段处在稳定土层中，与周围的土体牢固结合，将荷载分散到稳定土体中去。在一般情况下，非锚固段的长度不宜小于 5 m，锚固段的长度应根据计算确定。

锚杆的埋置深度要使最上层锚杆上面的覆土厚度不小于 4 m，以避免地面出现隆起现象。锚杆的层数应根据基坑深度和土压力大小设置一层或多层。锚杆上下层垂直间距不宜小于 2 m，水平间距不宜小于 1.5 m，避免产生群锚效应而降低单根锚杆的承载力。锚杆的倾角宜为 10° ~ 25°，但不应大于 45°。允许的倾角范围应根据地质构造而定，应使锚杆的锚固置于较好的土层中。

③土层锚杆的类型

1）一般灌浆锚杆

钻孔后放入受拉杆件，然后用砂浆泵将水泥浆或水泥砂浆注入孔内，经养护后，即可承受拉力。

2）高压灌浆锚杆（又称预压锚杆）

它与一般灌浆锚杆的不同点是在灌浆阶段对水泥砂浆施加一定的压力，使水泥砂浆在压力下压入孔壁四周的缝并在压力下固结，从而使锚杆具有较大的抗拔力。

3）预应力锚杆

先对锚固段进行一次压力灌浆，然后对锚杆施加预应力后锚固并在非锚固段进行不加压二次灌浆，也可一次灌浆（加压或不加压）后施加预应力。这种锚杆可穿过松软地层而锚固在稳定土层中，并使结构物减小变形。我国目前大都采用预应力锚杆。

④扩孔锚杆

用特制的扩孔钻头扩大锚固段的钻孔直径，或用爆扩法扩大钻孔端头，从而形成扩大的锚固段或端头，可有效提高锚杆的抗拔力。扩孔锚杆主要用在松软地层中。另外，还有重复灌浆锚杆、可回收锚筋锚杆等。

在灌浆材料上，可使用水泥浆、水泥砂浆、树脂材料、化学浆液等作为锚固材料。

（6）地下连续墙

地下连续墙施工工艺，即在工程开挖土方之前，用特制的挖槽机械在泥浆护壁的情况下每次开挖一定长度（一个单元槽段）的沟槽，待开挖至设计深度并清除沉淀下来的泥渣后，将在地面上加工好的钢筋骨架（一般称为钢筋笼）用起重机械吊放入充满泥浆的沟槽内，用导管向沟槽内浇筑混凝土，由于混凝土是由沟槽底部开始逐渐向上浇筑的，所以随着混凝土的浇筑即将泥浆置换出来，待混凝土浇至设计标高后，一个单元槽即施工完毕。各个单元槽之间由特制的接头连接，形成连续的地下钢筋混凝土墙。

（7）土钉支护

土钉支护是以土钉作为主要受力构件的边坡支护技术，它由密集的土钉群、被加固的原位土体、喷射的混凝土面层和必要的防水系统组成，所以又称为土钉墙。土钉是用作加固或同时锚固原位土体的一种细长杆件。通常采取在土层中钻孔，在孔中置入螺纹钢筋，并沿孔全长注浆的方法做成。土钉依靠与土体之间界面黏结力或摩擦力，在土体发生变形的条件下被动受力，在一般情况下主要是受拉力的作用。

①土钉支护的特点

土钉支护是最近几年发展起来的一种新型支护结构，具有材料用量少、工程量较小、施工速度快、操作较简单、环境干扰轻、作业场地小等特点，尤其适合在城市地区施工；土钉与土体形成复合土体，提高了边坡整体稳定性和承受坡顶荷载的能力，增强了土体破坏的延性，有利于安全施工；土钉支护的位移很小，对相邻建筑物的影响也较轻，经济效益好。土钉支护适用于地下水位以上或经降水措施后的砂土、粉土、黏土等土体中。

②土钉支护的作用机理

土钉支护是由土钉墙体与基坑侧壁土体形成的复合体，土钉体由于本身具有较大的刚度和强度，并在其所分布的空间内与土体组成了复合体的骨架，起到约束土体变形的作用，与土体共同作用，可显著提高基坑侧壁的承载能力和稳定性，从而弥补土体抗拉强度低的缺点。

土钉具有较高的抗拉强度、抗剪强度和抗弯刚度。当土体进入塑性状态后，应力逐渐向土钉转移；当土体产生开裂时，土钉内出现弯剪、拉剪等复合应力，最后导致土钉体碎裂，钢筋产生较大的屈服。由于土钉的应力分担、应力传递和扩散作用，增强了土体变形的延性，降低了应力集中的程度，从而改善了土钉墙复合体的塑性变形和破坏状态。

喷射混凝土面层对坡面变形起着约束作用，约束力取决于土钉表面与土的摩擦阻力，摩擦阻力主要来自复合体开裂区后面的稳定复合土体。土钉墙体是通过土钉与土体的相互作用，实现土钉对基坑侧墙的支护作用。

③土钉支护的组成

土钉支护主要由土钉、面层和防水系统组成。土钉采用直径16mm ~ 32 mm的螺纹钢筋制成，其与水平面夹角一般为5° ~ 10°；长度在非饱和土中宜为基坑深度的0.6倍 ~ 1.2倍，软塑黏性土中宜为基坑深度的1.0倍；水平间距和垂直间距基本相同，但乘积不应大于6.0 ㎡，在非饱和土中一般为1.2m ~ 1.5 m，坚硬黏土或风化岩石中为2.0 m，软土层中为1.0 m；土钉孔的孔径为70mm ~ 120 mm，注浆的强度不低于1.0 MPa。

面层采用喷射混凝土，其强度等级不低于C20. 厚度为80 ~ 200 mm，并配置直径为6mm ~ 10 mm的钢筋网，间距为150mm ~ 300 mm。土钉与混凝土面层必须有效地连接成一个整体，混凝土面层应深入基坑底部不少于0.20 m，并要做好防水系统。

④土钉支护的施工工艺

土钉支护的施工比土层锚杆复杂，其施工工艺包括：定位、钻机就位、成孔、插入钢筋、进行注浆、喷射混凝土。

土钉支护应按设计要求进行施工。土钉成孔钻机可采用螺旋钻机、冲击钻机、地质钻机等；插入孔的螺纹钢筋必须调直和除锈，直径和长度必须符合设计要求；注浆用的水泥砂浆其配合比为1 ∶ 1 ~ 1 ∶ 2、水灰比为0.45 ~ 0.50；注浆时可根据情况采用重力、低压（0.4 ~ 0.6 MPa）或高压（1 ~ 2 MPa）等方法，特别对水平孔应采用低压或高压的注浆方法。

喷射混凝土的强度等级不应低于 C20，水灰比为 0.40 ~ 0.45，砂率为 45% ~ 55%，水泥与砂石的质量比为 1 ： 4.0 ~ 1.4.5，粗集料最大粒径不得大于 12 mm。喷射混凝土的施工应自下而上，分两次进行。第一次喷射后铺设钢筋网，并使钢筋网与土钉采用各种方法连接牢固；在钢筋网的上面喷射第二层混凝土，要求表面湿润、平整，无干斑或滑移流淌现象，在常温情况下，待混凝土终凝后 2 h，开始洒水养护。

（三）人工降低地下水位

人工降低地下水位，就是在基坑开挖前，先在基坑周围埋设一定数量的滤水管（井），利用抽水设备从中抽水，使地下水位降落到坑底以下，直至基础工程施工完毕为止。这样可使基坑始终保持干燥状态，防止流沙发生，改善工作条件。但降水前应考虑在降水影响范围内的已有建筑物和构筑物可能产生附加沉降、位移，从而引起开裂、倾斜和倒塌，或引起地面塌陷，必要时应事先采取有效的防护措施。

人工降低地下水位的方法有轻型井点、喷射井点、电渗井点、管井井点及深井泵井点等。

1. 轻型井点

轻型井点就是沿基坑的四周将井管以一定间距埋至基坑底面以下含水层内，在地面上用总管将各井点管连接起来，并在一定位置设置抽水设备，经过一定时间的抽水，即可使地下水位降低至坑底以下所要求的深度。

（1）轻型井点的设备

轻型井点的设备主要由管路系统和抽水设备两部分组成。

①管路系统

轻型井点的管路系统主要包括滤管、井点管、弯联管及总管等。滤管是轻型井点的进水装置，它的上端与井点管连接，其长度为 1.0m ~ 1.2 m、直径为 38 mm 或 51 mm；管壁上钻有直径为 13mm ~ 19 mm 按梅花状排列的小圆孔，其总面积为滤管表面积的 20% ~ 25%，管外包裹两层滤网，内层为细滤网，采用网眼为 30 ~ 50 孔 /c ㎡的黄铜丝布、生丝布或尼龙丝布；外层为粗滤网，采用网眼 3 ~ 10 孔 /c ㎡的铁丝节、尼龙丝布或棕树皮，以便地下水通过滤网吸入井点管，并阻止泥沙进入管内。

为使吸水流畅，避免吸水孔发生堵塞，在管壁与滤网间用塑料管或铁丝绕成螺旋形，使两者隔开一定间隙；在滤网的最外面，再绕一层粗铁丝保护网；为防止滤管在插入土层时下端进入泥沙，因而在其下端设置一个铸铁头。

井管为直径 38 mm 或 51 mm、长度为 5 ~ 7 m 的钢管（或镀锌钢管），井点管上端用弯联管与总管连接。弯联管宜用透明塑料管或橡胶软管，每个弯联管上最好装上阀门，以便于调节或检修。

集水总管一般用粗 75mm ~ 100 mm 的钢管分节连接，每节长 4 m，其上装有与井点管连接的短接头，间距为 0.8m ~ 1.6m。总管与井管用 90°弯头或塑料管连接。

②抽水设备

轻型井点的抽水设备由真空泵、离心泵和水汽分离器等组成。

在进行抽水时，首先开动真空泵，使水气分离器及以下的管路系统中产生一定程度的真空度，土壤中的水和气受到真空吸力作用后被吸入滤管，经管路系统向上流到水气分离器中；此时再开动离心泵，将抽出的地下水由排水管排走，空气则集中在水气分离器上部由真空泵排出。水气分离器中浮筒的作用是：当系统中的吸大量大于排出量时，水气分离器中的蓄水增高，浮筒上升，使阀门关闭，避免水进入真空泵而导致故障。至于空气中所含的少量水气，则由副水气分离器加以滤清。为对真空泵进行冷却，设有一个冷却泵。

（3）轻型井点的布置

轻型井点的布置应根据基坑形状与大小、地质和水文情况、工程性质、降水深度等确定。

①平面布置

当基坑（槽）宽小于 6 m、且降水深度不超过 6 m 时，可采用单排井点，布置在地下水上游一侧，两端延伸长度以不小于槽宽为宜。如宽度大于 6 m 或土质不良、渗透系数较大时，宜采用双排井点，布置在基坑（槽）的两侧。当基坑面积较大时，宜采用环形井点；考虑运输设备入道，一般在地下水下游方向布置成不封闭的。井点管距离基坑壁一般可取 0.7m ~ 1.0 m，以防局部发生漏气。井点管间距为 0.8m，1.2 m，1.6 m，由计算或经验确定。井点管在总管四角部分应适当加密。

②高程布置

轻型井点的降水深度，理论上可以达到 10.3 m，但由于管路系统的水头损失，其实际的降水深度一般不宜超过 6 m。

事先挖槽降低埋置标高，使管路系统安装在靠近原地下水位线甚至稍低于原地下水位线的地方。此时，可设置明沟和集水井，排除事先挖槽所引起的渗水，然后再布置井点系统，就能充分利用设备能力增加降水深度。

当一级井点系统达不到降水深度要求时，可采用二级井点进行降水，即先挖去第一级井点排干水的土，然后再布置第二级井点。

（4）轻型井点的施工准备和安装

轻型井点的施工准备工作包括井点设备、动力、水泵及必要材料准备，排水沟的开挖，附近建筑物的标高监测以及防止附近建筑沉降的措施等。

井点系统安装的顺序：根据降水方案放线、挖管沟、布设总管、冲孔、埋设井点管、埋砂滤层、黏土封口、弯联管连接井点管与总管、安装抽水设备、试抽。其中，井点管的埋设质量是保证轻型井点顺利抽水、降低地下水位的关键。

井点管的埋设一般用水冲法施工，分为冲孔和埋管两个过程。冲孔时，先用起重设备将井点管吊起并垂直地插在井点位置上，利用高压水在井管下端冲刷土体，井点管则边冲边沉，直至比滤管底深 0.5m 时停止冲水。

于大井孔冲成后拔出冲管，立即将井点管居中插入，并在井点管与孔壁之间及时均匀地填灌砂滤层以防孔壁塌土。砂滤层宜选用干净粗砂，以免堵塞滤管网眼。距地面以下 0.5m ~ 1.0m 范围内用黏土填塞封口，以防漏气。

井点系统全部安装完毕后，应进行试抽，以检查有无漏气、漏水现象，出水是否正常，井点管有无淤塞。如有异常，进行检修后方可使用。

（5）轻型井点的使用

轻型井点运行后，应保证连续不断地抽水。若时抽时停，则滤网易堵塞。中途停抽，地下水回升，也会引起边坡塌方事故。地下工程竣工后，用机械或人工拔除井管，井孔用砂石回填，地面下 2 m 范围内用黏土填实。

2. 喷射井点

当开挖的基坑（槽）的深度较大，且地下水位较高时，如果布置单层轻型井点，可能不满足降水深度要求；如果布置多层轻型井点，则造成工程投资增大。因此，当降水深度超过 6 m，土层渗透系数为 0.1 ~ 2.0 m/d 时，可采用喷射井点进行降水，降水深度一般可以达到 20 m 左右。

喷射井点按其工作时喷射的介质不同，可分为喷气井点和喷水井点，工程上常用的是喷水井点。喷水井点主要由喷射井管、高低压水泵和管路系统组成。喷射井管由内管和外管组成，在内管下端装有喷射扬水器（升水装置）与滤管相连。在高压水泵的作用下，高压水经过进水总管进入井管的内外管间的环形空间，并经扬水器的侧孔流向喷嘴。由于喷嘴截面突然缩小，流速急剧增加，压力水由此以很高的流速喷入混合室，混合室的截面又骤然扩大再逐渐缩小，高速水流将喷嘴周围空气吸入并带出，使混合室形成一定的真空度。地下水因喷射扬水器所造成的负压，自滤管吸入混合室，并与高速水流汇合，经扩散管时，由于其截面逐步扩大，流速减慢而转变成高压，沿内管上升经排水总管排至集水池内。集水池内的水一部分用低压泵排除，另一部分则可作为高压泵输入喷射扬水器中的循环水。

喷射井点的平面布置：当基坑宽度小于 10 m 时，井点可按单排布置；当基坑宽度大于 10 m 时，应按双排进行布置；当基坑面积较大时，宜采用环形布置，井点的间距一般为 2 m ~ 3 m。涌水量的计算和井管的埋设与轻型井点相同。

3. 电渗井点

在深基坑施工中有时会遇到渗透系数小于 0.1 m/d 的土质，这类土含水量大，压缩性高，稳定性差。由于土料间毛细孔隙的作用，将水保持在孔隙内，采用真空吸力降水的方法效果不好，此时宜采用电渗井点降水。在饱和黏土中插入两根电极，通入直流电，黏土粒即能沿阴极向阳极移动，称为电泳。水分电子向阴极移动为电渗。电渗井点就是利用上述现象，将一般轻型井点或喷射井点的井管作为阴极，并在其内侧相距约 1.2 m 处加设垂直的阳极。阳极可用钢筋或其他金属材料插入，通电后土层中的水分子即迅速渗到井管周围，方便抽出排水。

4. 管井井点和深井井点

在土的渗透系数更大（20 ~ 200 m/d）和地下水含量丰富的土层中降水，宜采用管井井点或深井井点。管井井点就是在基坑的四周每隔 10m ~ 50 m 钻孔成井，然后放入钢筋混凝土管或钢管，底部设滤水管，每个井管用一台水泵抽水，以使水位降低。

深井井点与管井井点基本相同，只是井较深，用深并泵抽水。深井泵的扬程可达 100 m，当要求降水深度很大，用管井井点降水不能满足要求时，则用深井井点。深井井点一般按 200 ㎡ ~ 250 ㎡的密度布置井距。管井井点和深井井点设备简单，但一次投资大。

三、土方填筑与压实

（一）土料选择与填筑要求

1. 土料选择

选择填方土料应符合设计要求。如设计无要求时，应符合下列规定：

第一，碎石类土、砂土（使用细、粉砂时应取得设计单位同意）和爆破石碴，可用作表层以下的填料；

第二，含水量符合压实要求的黏性土，可用作各层填料；碎块草皮和有机质含量大于 8% 的土，仅用于无压实要求的填方工程；淤泥和淤泥质土一般不能用作填料，但在软土或沼泽地区，经过处理其含水量符合压实要求后，可用于填方中的次要部位；含盐量符合规定的盐渍土，一般可以使用，但填料中不得含有盐晶、盐块或含盐植物的根茎。

第三，碎石类土或爆破石碴用作填料时，其最大粒径不得超过每层铺填厚度的 2/3（当使用振动碾时，不得超过每层铺填厚度的 3/4）。铺填时大块料不应集中，且不得填在分段接头处或填方与山坡连接处。填方内有打桩或其他特殊工程时，块（漂）石填料的最大粒径不应超过设计要求。

（二）填筑要求

土方填筑前，要对填方的基底进行处理，使之符合设计要求。如设计无要求，应符合下列规定：

第一，基底上的树墩及主根应清除，坑穴应清除积水、淤泥和杂物等，并分层回填夯实。基底为杂填土或有软弱土层时，应按设计要求加固地基，并妥善处理基底的空洞、旧基、暗塘等。

第二，如填方厚度小于 0.5m，还应清除基底的草皮和垃圾；当填方基底为耕植土或松土时，应将基底碾压密实。

第三，在水田、沟渠或池塘填方前，应根据具体情况采用排水疏干、挖出淤泥、抛填石块、砂砾等方法处理后再进行填土。

应根据工程特点、填料种类、设计压实系数、施工条件等合理选择压实机具，并确定填料含水量的控制范围、铺土厚度和压实遍数等参数。

填土应分层进行，并尽量采用同类土填筑。当选用不同类别的土料时，上层宜填筑透水性较小的填料，下层宜填筑透水性较大的土料。不能将各类土混杂使用，以免形成水囊。压实填土的施工缝应错开搭接，在施工缝的搭接处应适当增加压实遍数。

当填方位于倾斜的地面时，应先将基底斜坡挖成阶梯状，阶宽不小于1 m，然后分层回填，以防填土侧向移动。

填方土层应接近水平地分层压实。在测定压实后土的干密度并检验其压实系数和压实范围符合设计要求后才能填筑上层。由于土的可松性，回填高度应预留一定的下沉高度，以备行车碾压和自然因素作用下土体的逐渐沉落密实。其预留下沉高度（以填方高度为基数）：砂土为1.5%，亚黏土为3% ~ 3.5%。

如果回填土湿度大，又不能采用其他土换填，可以将湿土翻晒晾干、均匀掺入干土后再回填。

冬雨季进行填土施工时，应采取防雨、防冻措施，防止填料（粉质黏土、粉土）受雨水淋湿或冻结，并防止出现“橡皮土”。

（三）填土的压实方法

填土压实方法有碾压、夯实和振动三种，此外还可利用运土工具压实。

1. 碾压法

碾压法是由沿着表面滚动的鼓筒或轮子的压力压实土壤。一切拖动和自动的碾压机具，如：平滚碾、羊足碾和气胎碾等的工作都属于同一原理。适用范围：主要用于大面积填土。

常用碾压工具介绍如下：

（1）平碾

适用于碾压黏性和非黏性土。平碾又叫压路机，它是一种以内燃机为动力的自行式压路机，按碾轮的数目，有两轮两轴式和三轮两轴式。

平碾按重量分有：轻型（5 t以下）、中型（8t以下）、重型（10 ~ 15 t），在建筑工地上多用中型或重型光面压路机。

平碾的运行速度决定其生产率，在压实填方时，碾压速度不宜过快，一般碾压速度不超过 2 km/h。

（2）羊足碾

羊足碾和平碾不同，它是碾轮表面上装有许多羊蹄形的碾压凸脚，一般用拖拉机牵引作业。

羊足碾有单桶和双桶之分，桶内根据要求可分别空桶、装水、装砂，以提高单位面积的压力，增加压实效果。由于羊足碾单位面积压力较大，压实效果、压实深度均较同重量的光面压路机高，但工作时羊足碾的羊蹄压人土中，又从土中拔出，致使上部土翻松，不宜用于无黏性土、砂及面层的压实。一般羊足碾适用于压实中等深度的粉质黏土、粉土、黄土等。

2. 夯实法

夯实法是利用夯锤自由下落的冲击力来夯实土壤，主要用于小面积的回填土。夯实机具类型较多，有木夯、石夯、蛙式打夯机以及利用挖土机或起重机装上夯板后的夯土机等。其中蛙式打夯机轻巧灵活，构造简单，在小型土方工程中应用最广。

夯实法的优点是可以夯实较厚的土层。采用重型夯土机（如 1 t 以上的重锤）时，其夯实厚度可达 1 m ~ 1.5 m。但对木夯、石夯或蛙式打夯机等夯土工具，其夯实厚度则较小，一般均在 200 mm 以内。人力打夯前应将填土初步整平，打夯要按一定方向进行，一夯压半夯，夯夯相接，行行相连，两遍纵横交叉，分层夯打。夯实基槽及地坪时，行夯路线应由四边开始，然后再穷向中间。用蛙式打穷机等小型机具夯实时，一般填土厚度不宜大于 25 cm，打夯之前对填土应初步平整，打夯机应依次夯打，均匀分布，不留间隙。基（坑）槽回填应在两侧或四周同时进行回填与夯实。

3. 振动法

振动法是将重锤放在土层的表面或内部，借助于振动设备使重锤振动，土壤颗粒即发生相对位移达到紧密状态。此法用于振实非黏性土效果较好。

近年来，又将碾压和振动结合而设计和制造出振动平碾、振动凸块碾等新型压实机械。

振动平碾适用于填料为爆破碎石碴、碎石类土、杂填土或粉土的大型填方；振动凸块碾则适用于粉质黏土或黏土的大型填方。当压实爆破石碴或碎石类土时，可选用 8 ~ 15 t 重的振动平碾，铺土厚度为 0.6 m ~ 1.5 m，宜静压、后振压，碾压遍数应由现场试验确定，一般为6 ~ 8遍。

（三）影响填土压实质量的因素

1. 压实功的影响

填土压实后的密度与压实机械在其上所施加的功有一定的关系。当土的含水量一定，在开始压实时，土的密度急剧增加，待到接近土的最大密度时，压实功虽然增加许多，但土的密度则变化甚小。在实际施工中，对于砂土只需碾压2 ~ 3遍，对亚砂土只需3 ~ 4遍，对亚黏土或黏土只需5 ~ 6遍。

2. 含水量的影响

土的含水量对填土压实有很大影响，较干燥的土，由于土颗粒之间的摩擦阻力大，填土不易被夯实。而含水量较大，超过一定限度，土颗粒间的空隙全部被水充填而呈饱和状态，填土也不易被压实，容易形成橡皮土。只有当土具有适当的含水量，土颗粒之间的摩擦阻力由于水的润滑作用而减小，土才易被压实。为了保证填土在压实过程中具有最优的含水量，当土过湿时，应予翻松晾晒或掺入同类干土及其他吸水性材料。如土料过干，则应预先洒水湿润。土的含水量一般以手握成团，落地开花为宜。

3. 铺土厚度的影响

土在压实功的作用下，其应力随深度增加而逐渐减少，在压实过程中，土的密实度也是表层大，并随深度增加而逐渐减少，超过一定深度后，虽经反复碾压，土的密实度仍与未压实前一样。各种不同压实机械的压实影响深度与土的性质、含水量有关，所以填方每层铺土的厚度应根据土质、压实的密实度要求和压实机械性能确定。

（四）填土压类的质量控制与检验

1. 填土压实的质量控制

填土经压实后必须达到要求的密实度，以避免建筑物产生不均匀沉降。填土密实度以设计规定的控制干密度作为检验标准，土的控制干密度与最大干密度之比称为压实系数。

填土压实的最大干密度一般在实验室由击实试验确定，再根据相关规范规定的压实系数即可算出填土控制干密度值。

2. 填土压实的质量检验

第一，填土施工过程中应检查排水措施、每层填筑厚度、含水量控制和压实程序。

第二，填土经夯实或压实后，要对每层回填土的质量进行检验，一般采用环刀法（或灌砂法）取样测定土的干密度，符合要求后才能填筑上层土。

第三，按填土对象不同，规范规定了不同的抽取标准：基坑回填，每 100 ~ 500 ㎡取样一组（每个基坑不少于一组）；基槽或管沟，每层按长度 20 ~ 50 m 取样一组；室内填土，每层按 100 ~ 500 ㎡取样一组；场地平整填方每层按 400 ~ 900 ㎡取样一组。取样部位在每层压实后的下半部，用灌砂法取样应为每层压实后的全部深度。

第四，每项抽检之实际干密度应有 90% 以上符合设计要求，其余 10% 的最低值与设计值的差不得大于 0.08 g/cm^3，且应分散，不得集中。

第五，填土施工结束后应检查标高、边坡坡高、压实程度等，均应符合相关规范标准规定。

（五）土方质量要求与安全措施

1. 土方工程质量要求

（1）土质符合设计，并严禁扰动。

（2）基底处理符合设计或规范。

（3）填料符合设计和规范。

（4）检查排水措施、每层填筑厚度、含水量控制和压实程度。

（5）回填按规定分层压实，密实度符合设计和规定。

（6）外形尺寸的允许偏差和检验方法，应符合标准规范规定。

（7）标高、边坡坡度、压实程度等应符合标准规范的规定。

2. 土方工程安全措施

（1）开挖时两人间距＞2.5m，挖土机间距＞10 m。严禁挖空底脚的施工。

（2）按要求放坡。注意土壁的变动、支撑的稳固程度和墙壁的变化。

（3）深度＞3m，吊装设备距坑边≥1.5 m，起吊后垂直下方不得站人，坑内人员戴安全帽。

（4）手推车运土，不得翻车卸土；翻斗汽车运土，道路坡度、转弯半径符合安全规定。

（5）深基坑上下有阶梯、开斜坡道，基坑四周设栏杆或悬挂危险标志。

（6）基坑支撑应经常检查，发现松动变形立即修整。

（7）基坑沟边 1 m 以内不得堆土、堆料和停放机具，1 m 以外堆土，其高度不宜超过 1.5 m。

第二节 施工排水

为了保持基坑干燥，防止由于水浸泡发生边坡塌方和地基承载力下降的问题，必须做好基坑的排水、降水工作，常采用的方法是明沟排水法和井点降水法。

一、施工排水

在基坑开挖过程中，当基底低于地下水位时，由于上的含水层被切断，地下水会不断渗入坑内。雨期施工时，地面水也会不断流入坑内。如果不采取降水措施，把流入基坑内的水及时排出或降低地下水位，不仅施工条件会恶化，而且地基土被水泡软后，容易造成边坡塌方并使弛基的承载力下降。另外，当基坑下遇有承压含水层时，若不降水减压，则基底可能被冲溃破坏。因此，为了保证工程质量和施工安全，在基坑开挖前或开挖过程中，必须采取措施控制地下水位，使地基土在开挖及基础施工时保持干燥。

影响：地下水渗入基坑，挖土困难；边坡塌方、地基浸水，影响承载力。

方法：集水井降水，轻型井点降水。

（一）集水井降水

方法：沿坑壁边缘设排水沟，隔段设集水井，由水案将井中水抽出坑外。

1. 水坑设置

平面：设在基础范围外，地下水上游。

排水沟：宽 0.2 m ~ 0.3m，深 0.3 m ~ 0.6 m，沟底没纵坡 0.2% ~ 0.5%，始终比挖土面低 0.4 m ~ 0.5 m。

集水井：宽径 0.6 m ~ 0.8 m，低于挖土面 0.7 m ~ 1 m；当基坑挖至设计标高后，集水井底应低于基坑底面 1 m ~ 2 m，并铺设碎石滤水层（0.2 m ~ 0.3m 厚），或下部砾石（0.05 m ~ 0.1m 厚）、上部粗砂（0.05 m ~ 0.1 m 厚）的双层滤水层，以免由于抽水时间过长而将泥沙抽出，并防止坑底土被扰动，

2. 泵的选用

（1）离心泵

离心泵依靠叶轮在高速旋转时产生的离心力将叶轮内的水甩出，形成真空状态，河水或井水在大气压力下被压入叶轮，如此循环往复，水源源不断地被甩出去。离心泵的叶轮分为封闭式、半封闭式和敞开式三种：封闭式叶轮的相邻叶片和前后轮盖的内壁构成一系列弯曲的叶槽，其抽水效率高，多用于抽送清水。半封闭式叶轮没有前盖板，目前较少使用。敞开式叶轮没有轮盘，叶片数目也少，多用于抽送浆类液体或污水。

（2）潜水泵

潜水泵是一种将立式电动机和水泵直接装在一起的配套水泵，具有防水密封装置，可以在水下工作，故称为潜水泵，按所采用的防水技术措施，潜水泵分为干式、充油式和湿式三种。潜水泵由于体积小、质量轻、移动方便和安装简便，在农村井水灌溉、牧场和渔场输送液体饲料、建筑施工等方面得到广泛应用。

（二）井点降水

1. 原理

基坑开挖前，在基坑四周预先埋设一定数量的滤水管（井），在基坑开挖前和开挖过程中，利用抽水设备不断抽出地下水，使地下水位降到坑底以下，宜至土方和基础工程施工结束。

2. 作用

（1）防止地下水涌入坑内；

（2）防止边坡由于地下水的渗流而引起塌方；

（3）使坑底的土层消除地下水位差引起的压力，因而可防止坑底管涌现象；

（4）降水后，使板桩减少横向荷载；

（5）消除地下水的渗流，防止流砂现象；

（6）降低地下水位后，还能使土壤固结，增加地基土的承载能力。

3. 分类

降水井点有两大类：轻型井点和管井类。一般根据土的渗透系数、降水深度、设备条件及经济条件等因素确定。

（1）轻型井点

轻型井点就是沿基坑周围或一侧以一定回距将井点管（下端为滤管）埋入蓄水层内，将井点管上部与总管连接，利用抽水设备使地下水经滤管进入井管，经总管不断抽出，从而将地下水位降至坑底以下。

轻型井点适用于土壤渗透系数为0.1 ~ 50m/d的土层中。降低水位深度：一级轻型井点3 m ~ 6 m，二级轻型井点可达6 m ~ 9m。

①轻型井点设备

轻型井点设备由管路系统和抽水设备组成。管路系统包括滤管、井点管、弯联管及总管。

管路系统：滤管为进水设备，通常采用长1 m ~ 1.5 m、直径38 mm或51 mm的无缝钢管，管壁钻有直径为12 mm ~ 19 mm的滤孔。骨架管外面包以两层孔径不同的生丝布或塑料布滤网。为使流水畅通，在骨架管与滤网之间用塑料管或梯形铅丝隔开，塑料管沿骨架绕成螺旋形。滤网外面再绕一层粗铁丝保护网，滤管下端为一铸铁塞头，滤管上端与井点管连接。

井点管为直径和51 mm、长5 m ~ 7 m的钢管。井点管的上端用弯联管与总管相连。总管为直径100 mm ~ 127 mm的无缝钢管，每段长4 m，其上端有与井点管连接的短接头，间距0.8 m或1.2 m。

抽水设备：常用的抽水设备有干式真空泵、射流泵等。

干式真空泵由直空泵、离心泵和水气分离器（又叫集水箱）等组成。抽水时先开动其空泵，将水气分离器内部抽成一定程度的其空，使土中的水分和空气受其空吸力作用而被吸出，进入水气分离器。当进入水气分离器内的水达一定高度后，即可开动离心泵。水气分离器内水和空气向两个方向流去：水经离心泵排出；空气集中在上部由真空泵排出，少量由空气中带来的水从放水口排出。

一套抽水设备的仇荷长度（即集水总管长度）为100m左右。常用的W5、W6型干式真空泵，最大负荷长度分别为80m和1m，有效负荷长度为60 m和80m。

②轻型井点设计

平面布置：根据基坑（槽）形状，轻型井点可采用单排布置、双排布置、环形布置，当土方施工机械需进出基坑时，也可采用U形布置。

单排布置适用于基坑（槽）宽度小于 6 m，且降水深度不超过 5 m 的情况，井点管应布置在地下水的上游一侧，两端的延伸长度不宜小于基坑（槽）的宽度；双排布置适用于基坑宽度大于 6 m 或土质不良的情况；环形布置适用于大面积基坑，如采用 U 形布置，则井点管不封闭的一段应在地下水的下游方向。

高程布置：高程布置要确定井点管埋深，即滤管上口至总管埋设面的距离，主要考虑降低后的水位应控制在基坑底面标高以下，保证坑底干燥。

井点管的埋深应满足的抽吸能力，当水泵的最大抽吸深度不能达到井点管的埋设深度时，应考虑降低总管埋设位置或采用二级井点降水。如采用降低总管埋设深度的方法，可以在总管埋设的位置处设置集水井降水。但总管不宜埋在地下水位以下过深的位置，否则总管以上的土方开挖往往会发生涌水现象而影响土方施工。

涌水量计算：确定井点管数量时，需要知道井点管系统的涌水量。根据地下水有无压力，水井分为无压井和承压井。当水井布置在具有潜水自由面的含水层中时（即地下水面为自由面），称为无压井；当水井布置在承压含水层中时（含水层中的水在两层不透水层间，含水层中的地下水面具有一定水压），称为承压井。根据水井底部是否达到不透水层，水井分为完整井和非完整井。当水井底部达到不透水层时称为完整井，否则称为非完整井。因此，井分为无压完整井、无压非完整井、承压完整井、承压非完整井四大类。各类井的涌水量计算方法不同，实际工程中应分清水井类型，采用相应的计算方法。

（2）喷射井点

当基坑较深而地下水位又较高时，采用轻型井点要用多级井点，这样会增加基坑挖土量、延长日期并增加设备数量，显然不经济。喷射井点的设备主要由喷射井管、高压水泵和管路系统组成。

（3）电渗井点

电渗井点是将井点管作为阴极，在其内侧相应地插入钢筋或钢管作为电渗井点的阳极，通入直流电后，在电场的作用下，土中的水流加速向阴极渗透，但耗电多，只在特殊情况下使用。

（4）管井井点

原理：基坑每隔 20 m ~ 50 m 设一个管井，每个管井单独用一台水泵不断抽水，从而降低地下水位。

适用于 K=20m/d ~ 200m/d、地下水量大的土层。当降水深度较大，在管井井点内采用一般离心泵或潜水泵不能满足要求时，可采用特制的深井泉，其降水深度大于 15m，故又称深井泵法。

（二）流砂的防止

1. 流砂现象及其危害

（1）流砂现象

指粒径很小、无塑性的土壤，在动水压力推动下极易失去稳定，而随地下水流动的现象。

（2）流砂的危害

土完全丧失承载能力，上边挖边冒，且施工条件恶劣，难以达到设计深度，严重时会造成边坡塌方及附近建筑物下沉、倾斜、倒塌。

2. 产生流砂的原因

流砂是水在土中渗流所产生的动水压力对土体作用的结果。当动水压力大于土的浮重度时，土颗粒处于悬浮状态，往往会随渗流的水一起流动，涌入基坑内，形成流砂。细颗粒、松散、饱和的非黏性土特别容易发生流砂现象。

3. 管涌冒砂现象

基坑底位于不透水层，不透水层下为承压蓄水层，当基坑底不透水层的重量小于承压水的顶托力时，基坑底部会发生管涌冒砂现象。

4. 防止流砂的方法

（1）途径

减小、平衡动水压力；截住地下水流（消除动水压力）；改变动水压力的方向。

（2）具体措施

①枯水期施工法

枯水期地下水位较低，基内外水位差小，动水压力小，不易产生流砂。

②抢挖土方并抛大石块法

分段抢挖土方，使挖土速度超过流砂速度，在挖至标高后立即铺竹席、芦席，并抛大石块，以平衡动水压力，将流砂压住。此法适用于治理局部的或轻微的流砂。

③设止水帷幕法

将连续的止水支护结构（如连续板桩、深层搅拌桩、密排灌筑桩等）打入基坑底面以下一定的深度，形成封闭的止水帷幕，从而使地下水只能从支护结构下端向基坑渗流，增加地下水从坑外流入基坑内的渗流路径，减小水力坡度，从而减小动水压力，防止流砂产生。

④冻结法

将出现流砂区域的土进行冻结，阻止地下水渗流，从而防止流砂产生。

⑤人工降低地下水位法

采用井点降水法（如轻型井点、管井井点、喷射井点等），使地下水位降低至基坑底面以下。地下水的渗流向下，则动水压力的方向也向下，水不渗入基坑内，可有效防止流砂产生。

第三节 土壁支护

一、深层搅拌水泥土桩挡墙

深层搅拌法是利用特制的深层搅拌机在边坡土体需要加固的范围内，将软土与固化剂强制拌和，使软土硬结成具有整体性、水稳性和足够强度的水泥加固土。

深层搅拌法利用的固化剂为水泥浆或水泥砂浆，水泥的掺量为加固土重的 7% ~ 15%，水泥砂浆的配合比为或 1 ： 2。

（一）深层搅拌水泥土桩挡墙的施工工艺流程

1. 定位

用起重机悬吊搅拌机到达指定桩位。

2. 预拌下沉

待深层搅拌机的冷却水循环正常后，启动搅拌机，放松起重机钢丝绳，使搅拌机沿导向架搅拌切土下沉。

3. 制备水泥浆

待深层搅拌机下沉到一定深度时，按设计确定的配合比拌制水泥浆，压浆前将水泥浆倒入集料斗中。

4. 提升、喷浆、搅拌

待深层搅拌机下沉到设计深度后，开启灰浆泵将水泥浆压入地基，且边喷浆、边搅拌，同时按设计确定的提升速度提升深层搅拌机。

5. 重复上下搅拌

为使土和水泥浆搅拌均匀，可再次将搅拌机边旋转边沉入土中，至设计深度后再提升出地面。桩体要互相搭接 200 mm，以形成整体。

6. 清洗、移位

向集料斗中注入适量清水，开启灰浆泵，清除全部管路中残存的水泥浆，并将黏附在搅拌头的软土清洗干净。移位后进行下一根桩的施工。

（二）提高深层搅拌水泥土桩挡墙支护能力的措施

深层搅拌水泥时，桩挡墙属正力式支护结构，由抗倾覆、抗滑移和抗剪强度控制截面和入土深度。目前这种支护的体积都较大，可采取以下措施提高其支护能力：

1. 卸荷

如条件允许可将顶部的土挖去一部分，以减少主动土压力。

2. 加筋

可在新搅拌的水泥土桩内压入竹筋等，有助于提高其稳定性。但加筋与水泥土的共同作用问题有待研究。

3. 起拱

将水泥土桩挡墙做成拱形，在拱脚处设钻孔灌注桩，可大大提高支护能力，减小挡墙的截面，或对于边长大的基坑，于边长中部适当起拱以减少变形。目前这种形式的水泥土桩挡墙已在工程中应用。

4. 挡墙变厚度

对于矩形基坑，由于边角效应，角部的主动土压力有所减小，可将角部水泥土桩挡墙的厚度适当减薄，以节约投资。

二、非重力式支护墙

（一）H 型钢支柱挡板支护挡墙

这种支护挡堵支柱按一定间距打入土中，支柱之间设木挡板或其他挡土设施（随开挖逐步加设），支护和挡板可回收使用，较为经济，它适用于土质较好、地下水位较低的地区。

（二）钢板桩

1. 槽形钢板桩

这是一种简易的钢板桩支护挡墙，由槽钢正反扣搭接组成。槽钢长 48 m，型号由计算确定。由于抗弯能力较弱，一般用于深度不超过 4m 的基坑，顶部设一道支撑或拉锚。

2. 热轧锁口钢板桩

形式有 U 型、Z 型（又叫“波浪型”或“拉森型”）、一字型（又叫“平板桩”）、组合型。

常用者为 U 型和 Z 型两种，基坑深度很大时才用组合型。一字型在建筑施工中基本上不用，在水工等结构施工中有时用来围成圆形墩隔墙。U 型钢板桩可用于开挖深度 5 m ～ 10 m 的基坑。在软土地基地区钢板桩打设方便，有一定的挡水能力，施工退速，但打设后可立即开挖，当基坑深度不太大时往往是考虑的方案之一。

3. 单锚钢板桩常见的工程事故及其原因

（1）钢板桩的入土深度不够

当钢板桩长度不足或挖上超深或基底土过于软弱，在土压力作用下，钢板桩入土部分可能向外移动，使钢板桩绕拉锚点转动失效。

（2）钢板桩本身刚度不足

钢板桩截面太小，刚度不足，在土床力作用下失稳而弯曲破坏。

（3）拉锚的承载力不够或长度不足

拉锚承载力过低被拉断或锚碇位于土体滑动面内而失去作用，使钢板桩在土压力作用下向前倾倒。

因此，入土深度、锚杆拉力和截面弯矩被称为单锚钢板桩设计的三要素。

4. 钢板桩的施工

（1）钢板桩打设前的准备工作

①钢板桩的检验与矫正

1）表面缺陷矫正

先清洗缺陷附近表面的锈蚀和油污，然后用焊接修补的方法补平，再用砂轮磨平。

2）端部矩形矫正

一般用氧乙炔切割桩端，使其与轴线保持垂直，然后用砂轮对切割面进行磨平修整。当修整量不大时，也可直接用砂轮进行修整。

3）桩体挠曲矫正

腹向弯曲矫正是将钢板桩弯曲段的两端固定在支承点上，用设置在龙门式顶梁架上的千斤顶顶压钢板桩凸处进行冷弯矫正。侧向弯曲矫正通常在龙门的矫正平台上进行，将钢板桩弯曲段的两端固定在矫正平台的支座上，在钢板桩弯曲段侧面的矫正平台上间隔一定距离设置千斤顶，用千斤顶顶压钢板桩凸处进行冷弯矫正。

4）桩体扭曲矫正

这种矫正较复杂，可视扭曲情况采用桩体挠曲矫正的方法矫正。

桩体截面局部变形矫正。这是对局部变形处用千斤顶顶压、大锤敲击与氧乙焕焰热烘相结合的方法进行矫正。

第四节 地基处理及加固

任何建筑物都必须有可靠的地基和基础。建筑物的全部重量（包括各种荷载）最终将通过基础传给地基，所以对某些地基的处理及加固就成为基础工程施工中的一项重要内容。在施工过程中如发现地基土质过软或过硬，不符合设计要求时，应本着使建筑物各部位沉降尽量趋于一致，以减小地基不均匀沉降的原则对地基进行处理。

在软弱地基上建造建筑物或构筑物，利用天然地基有时不能满足设计要求，需要对地基进行人工处理，以满足结构对地基的要求，常用的人工地基处理方法有换土地基、重锤夯实、强夯、振冲、砂桩挤密、深层搅拌、堆载预压、化学加固等。

一、换土地基

当建筑物基础下的持力层比较软弱，不能满足上部荷载对地基的要求时，常采用换土地基来处理软弱地基。这时先将基础下一定范围内承载力低的软土层挖去，然后回填强度较大的砂、碎石或灰土等，并夯至密实。实践证明：换土地基可以有效地处理某些荷载不大的建筑物地基问题。例如：一般的三四层房屋、路堤、油罐和水闸等的地基。换土地基按其回填的材料可分为砂地基、碎（砂）石地基、灰土地基等。

（一）砂地基和砂石地基

砂地基和砂石地基是将基础下一定范围内的土层挖去，然后用强度较大的砂或碎石等回填，并经分层夯实至密实，以起到提高地基承载力、减少沉降、加速软弱土层的排水固结、防止冻胀和消除膨胀土的胀缩等作用。该地基具有施工工艺简单、工期短、造价低等优点。适用于处理透水性强的软弱黏性土地基，但不宜用于湿陷性黄土地基和不透水的黏性土地基，以免聚水而引起地基下沉和降低承载力。

1. 构造要求

砂地基和砂石地基的厚度一般根据地基底面处土的自重应力与附加应力之和不大于同一标高处软弱土层的容许承载力确定。地基厚度一般不宜大于 3 m，也不宜小于 0.5 m。地基宽度除要满足应力扩散的要求外，还要根据地基侧面土的容许承载力来确定，以防止地基向两边挤出。关于宽度的计算，目前还缺乏可靠的理论方法，在实践中常常按照当地某些经验数据（考虑地基两侧土的性质）或按经验方法确定。一般情况下，地基的宽度应沿基础两边各放出 200 mm ~ 300 mm，如果侧面地基土的土质较差时，还要适当增加。

2. 材料要求

砂和砂石地基所用材料，宜采用颗粒级配良好，质地坚硬的中砂、粗砂、砾砂、碎（卵）石、石屑或其他工业废粒料。在缺少中、粗砂和砾砂的地区可采用细砂，但宜同时掺入一定数量的碎（卵）石，其掺入量应符合地基材料含石量不大于 50%。所用砂石料不得含有草根、垃圾等有机杂物，含泥量不应超过 5%；兼作排水地基时，含泥量不宜超过 3%，碎石或卵石最大粒径不宜大于 50 mm。

3. 施工要点

铺筑地基前应验槽，先将基底表面浮土、淤泥等杂物清除干净，边坡必须稳定，防止塌方。基坑（槽）两侧附近如有低于地基的孔洞、沟、井和墓穴等，应在未做换土地基前加以处理。

砂和砂石地基底面宜铺设在同一标高上，如深度不同时，施工应按先深后浅的程序进行。土面应挖成踏步或斜坡搭接，搭接处应夯压密实。分层铺筑时，接头应做成斜坡或阶梯形搭接，每层错开 0.5 m ~ 1.0 m，并注意充分捣实。

人工级配的砂、石材料，应按级配拌和均匀再进行铺填捣实。

换土地基应分层铺筑，分层夯（压）实，每层的铺筑厚度不宜超过规定数值，分层厚度可用样桩控制。施工时应对下层的密实度检验合格后，方可进行上层施工。

在地下水位高于基坑（槽）底面施工时，应采取排水或降低地下水位的措施，使基坑（槽）保持无积水状态。如：用水撼法或插入振动法施工时，应有控制地注水和排水。冬期施工时，不得采用夹有冰块的砂石作地基，并应采取措施防止砂石内水分冻结。

（二）灰土地基

灰土地基是将基础底面下一定范围内的软弱土层挖去，用按一定体积配合比的石灰和黏性土拌和均匀，在最优含水量情况下分层回填夯实或压实而成。该地基具有一定的强度、水稳定性和抗渗性，施工工艺简单，取材容易，费用较低。适用于处理 1m ~ 4m 厚的软弱土层。

1. 构造要求

灰土地基厚度确定原则同砂地基相同。地基宽度一般为灰土顶面基础砌体宽度加 2.5 倍灰土厚度之和。

2. 材料要求

灰土的土料宜采用就地挖出的黏性土及塑性指数大于 4 的粉土，但不得含有有机杂质或使用耕植土。使用前土料应过筛，其粒径不得大于 15 mm。

用作灰土的熟石灰应过筛，粒径不得大于 5 mm，并不得夹有未熟化的生石灰块，也不得含有过多的水分。灰土的配合比一般为 2 ∶ 8 或 3 ∶ 7（石灰：土）。

3. 施工要点

施工前应先验槽，清除松土，如发现局部有软弱土层或孔洞，应及时挖除后用灰土分层回填夯实。

施工时，应将灰土拌和均匀，颜色一致，并适当控制其含水量。现场检验方法是用手将灰土紧握成团，两指轻捏能碎为宜，如土料水分过多或不足时，应晾干或洒水润湿。灰土拌好后应及时铺好夯实，不得隔日夯打。

灰土分段施工时，不得在墙角、柱基及承重窗间墙下接缝。上下两层灰土的接缝距离不得小于 500 mm，接缝处的灰土应注意夯实。

在地下水位以下的基坑（槽）内施工时，应采取排水措施。夯实后的灰土在 3 天内不得受水浸泡。灰土地基打完后，应及时进行基础施工和回填土，否则要做临时遮盖，防止日晒雨淋。刚打完毕或尚未夯实的灰土，如遭受雨淋浸泡，则应将积水及松软灰土除去并补填夯实，受浸湿的灰土，应在晾干后再夯打密实。冬期施工时，不得采用冻土或夹有冻土的土料，并应采取有效的防冻措施。

二、强夯地基

强夯地基是用起重机械将重锤（一般 8t ~ 30t）吊起从高处（一般 6m ~ 30 m）自由落下，给地基以冲击力和振动，从而提高地基土的强度并降低其压缩性的一种有效的地基加固方法。该法具有效果好、速度快、节省材料、施工简便，但施工时噪声和振动大等特点。适用于碎石土、砂土、黏性土、湿陷性黄土及填土地基等的加固处理。

（一）机具设备

1. 起重机械

起重机宜选用起重能力为 150 kN 以上的履带式起重机，也可采用专用三角起重架或龙门架作起重设备。起重机械的起重能力为：当直接用钢丝绳悬吊夯锤时，应大于夯锤的 3 ~ 4 倍；当采用自动脱钩装置，起重能力应大于 1.5 倍锤重。

2. 夯锤

夯锤可用钢材制作，或用钢板为外壳，内部焊接钢筋骨架后浇筑 C30 混凝土制成。夯锤底面有圆形和方形两种，圆形不易旋转，定位方便，稳定性和重合性好，应用较广。锤底面积取决于表层土质，对砂土一般为3～4 m²，黏性土或淤泥质土不宜使用，夯锤中宜设置若干个上下贯通的气孔，以减少夯击时的空气阻力。

3. 脱钩装置

脱钩装置应具有足够强度，且施工灵活。常用的工地自制自动脱钩器由吊环、耳板、销环、吊钩等组成，系由钢板焊接制成。

（二）施工要点

强夯施工前，应进行地基勘察和试夯。通过对试夯前后试验结果对比分析，确定正式施工时的技术参数。

强夯前应平整场地，周围做好排水沟，按夯点布置测量放线确定夯位。地下水位较高时，应在表面铺0.5 m～2.0 m的中（粗）砂或砂石地基，其目的是在地表形成硬层，可用以支承起重设备，确保机械通行、施工，又可便于强夯产生的孔隙水压力消散。

强夯施工须按试验确定的技术参数进行。一般以各个夯击点的夯击数为施工控制值，也可采用试夯后确定的沉降量控制。夯击时落锤应保持平稳，夯位准确，如错位或坑底倾斜过大，宜用砂土将坑底整平，才可进行下一次夯击。

每夯击一遍完后，应测量场地平均下沉量，然后用土将夯坑填平，方可进行下一遍夯击。最后一遍的场地平均下沉量必须符合要求。

强夯施工最好在干旱季节进行，如遇雨天施工，夯击坑内或夯击过的场地有积水时，必须及时排除。冬期施工时，应将冻土击碎。

强夯施工时应对每一夯实点的夯击能量、夯击次数和每次夯沉量等做好详细的现场记录。

三、重锤夯实地基

重锤夯实是用起重机械将夯锤提升到一定高度后，利用自由下落时的冲击能来夯实基土表面，使其形成一层较为均匀的硬壳层，从而使地基得到加固。该法具有施工简便，费用较低，但布点较密，夯击遍数多，施工期相对较长。同时，夯击能量小，孔隙水难以消散，加固深度有限，当土的含水量稍高，易夯成橡皮土，处理较困难等特点。适用于处理地下水位以上稍湿的黏性土、砂土、湿陷性黄土、杂填土和分层填土地基。但当夯击振动对邻近的建筑物、设备以及施工中的砌筑工程或浇筑混凝土等产生有害影响时，或地下水位高于有效夯实深度以及在有效深度内存在软黏土层时，不宜采用。

（一）机具设备

1. 起重机械

起重机械可采用配置有摩擦式卷扬机的履带式起重机、打桩机、龙门式起重机或悬臂式桅杆起重机等。其起重能力：当采用自动脱钩时，应大于夯锤重量的 1.5 倍；当直接用钢丝绳悬吊夯锤时，应大于夯锤重量的 3 倍。

2. 夯锤

夯锤形状宜采用截头圆锥体，可用 C20 钢筋混凝土制作，其底部可填充废铁并设置钢底板以使重心降低。锤重宜为 1.5 t ~ 3.0 t，底直径 1.0 m ~ 1.5 m，落距一般为 2.5 m ~ 4.5 m，锤底面单位静压力宜为 15 kPa ~ 20 kPa。吊钩宜采用自制半自动脱钩器，以减少吊索的磨损和机械振动。

（二）施工要点

施工前应在现场进行试夯，选定夯锤重量、底面直径和落距，以便确定最后下沉量及相应的夯击遍数和总下沉量。最后下沉量系指最后二击平均每击土面的夯沉量，对黏性土和湿陷性黄土取 10 mm ~ 20 mm，对砂土取 5 ~ 10 mm。通过试夯可确定夯实遍数，一般试夯 6 ~ 10 遍，施工时可以适当增加 1 ~ 2 遍。

采用重锤夯实分层填土地基时，每层的虚铺厚度以相当于锤底直径为宜，夯击遍数由试夯确定，试夯层数不宜少于两层。

基坑（槽）的夯实范围应大于基础底面，每边应比设计宽度加宽 0.3 m 以上，以便于底面边角夯打密实。基坑（槽）边坡应适当放缓。夯实前坑（槽）底面应高出设计标高，预留土层的厚度可为试夯时的总下沉量再加 50 mm ~ 100 mm。

夯实时地基土的含水量应控制在最优含水量范围以内。如土的表层含水量过大，可采用铺撒吸水材料（如干土、碎砖、生石灰等）或换土等措施；如土含水量过低，应适当洒水，加水后待全部渗入土中，一昼夜后方可夯打。

在大面积基坑或条形基槽内夯击时，应按一夯挨一夯顺序进行。在一次循环中同一夯位应连夯两遍，下一循环的夯位，应与前一循环错开 1/2 锤底直径，落锤应平稳，夯位应准确。在独立柱基基坑内夯击时，可采用先周边后中间或先外后里地跳打法进行。基坑（槽）底面的标高不同时，应按先深后浅的顺序逐层夯实。

夯实完后，应将基坑（槽）表面修整至设计标高。冬期施工时，必须保证地基在不冻的状态下进行夯击。否则，应将冻土层挖去或将土层融化。若基坑挖好后不能立即夯实，应采取防冻措施。

四、振冲地基

振冲地基，又称振冲桩复台地基，是以起重机吊起振冲器，启动潜水电机带动偏心块，使振冲器产生高频振动，同时开动水泵，通过喷嘴喷射高压水流成孔，然后分批填以砂石骨料形成一根根桩体，桩体与原地基构成复合地基，以提高地基的承载力，减少地基的沉降和沉降差的一种快速、经济有效的加固方法。该法具有技术可靠、机具设备简单、操作技术易于掌握，施工简便、节省三材、加固速度快、地基承载力高等特点。

振冲地基按加固机理和效果的不同，可分为振冲置换法和振冲密实法两类：前者适用于处理不排水、抗剪强度小于 20 kPa 的黏性土、粉土、饱和黄土及人工填土等地基，后者适用于处理砂土和粉土等地基，不加填料的振冲密实法仅适用于处理黏土粒含量小于 10% 的粗砂、中砂地基。

（一）机具设备

1. 振冲器

宜采用带潜水电机的振冲器，其功率、振动力、振动频率等参数，可按加固的孔径大小、达到的土体密实度选用。

2. 起重机械

起重能力和提升高度均应符合施工和安全要求，起重能力一般为 80 kN ~ 150 kN。

3. 水泵及供水管道

供水压力宜大于 0.5 MPa，供水量宜大于 20 m^3/h。

4. 加料设备

可采用翻斗车、手推车或皮带运输机等，其能力须符合施工要求

5. 控制设备

控制电流操作台，附有 150 A 以上容量的电流表（或自动记录电流计）、500 V 电压表等。

（二）施工要点

施工前应先在现场进行振冲试验，以确定成孔合适的水压、水量、成孔速度、填料方法，达到土体密实时的密实电流值、填料量和留振时间。

振冲前，应按设计图定出冲孔中心位置并编号。

启动水泵和振冲器，水压可用 400 ～ 600 kPa，水量可用 200 ～ 400 L/min，使振冲器以 1 ～ 2m/min 的速度徐徐沉入土中。每沉入 0.5 ～ 1.0 m，宜留振 5 ～ 10 s 进行扩孔，待孔内泥浆溢出时再继续沉入。当下沉达到设计深度时，振冲器应在孔底适当停留并减小射水压力，以便排除泥浆进行清孔。成孔也可采用将振冲器以 1 ～ 2 m/min 的速度连续沉至设计深度以上 0.3 ～ 0.5 m 时，将振冲器往上提到孔口，再同法沉至孔底。如此往复 1 ～ 2 次，使孔内泥浆变稀，排泥清孔 1 ～ 2 min 后，将振冲器提出孔口。

填料和振密方法，一般采取成孔后将振冲器提出孔口，从孔口往下填料，然后再下降振冲器至填料中进行振密，待密实电流达到规定的数值，将振冲器提出孔口。如此自下而上反复进行直至孔口，成桩操作即完成。

振冲桩施工时桩顶部约 1 m 范围内的桩体密实度难以保证，一般应予挖除，另做地基或用振动碾压使之压实。

冬期施工应将表层冻土破碎后成孔。每班施工完毕后应将供水管和振冲器水管内积水排净，以免冻结影响施工。

五、地基局部处理及其他加固方法简介

（一）地基局部处理

1. 松土坑的处理

当坑的范围较小（在基槽范围内），可将坑中松软土挖除，使坑底及四壁均见天然土为止，回填与天然土压缩性相近的材料。当天然土为砂土时，用砂或级配砂石回填；当天然土为较密实的黏性土，则用 3 ∶ 7 灰土分层回填夯实；如为中密可塑的黏性土或新近沉积黏性土，可用 1 ∶ 9 或 2 ∶ 8 灰土分层回填夯实，每层厚度不大于 20 cm。

对于较深的松土坑（如坑深大于槽宽或大于 1.5 m 时），槽底处理后，还应适当考虑加强上部结构的强度，方法是在灰土基础上 1 ～ 2 皮砖处（或混凝土基础内）、防潮层下 1 ～ 2 皮砖处及首层顶板处，加配 48 ～ 12 mm 钢筋跨过该松土坑两端各 1 m，以防产生过大的局部不均匀沉降。

如遇到地下水位较高，坑内无法夯实时，可将坑（槽）中软弱的松土挖去后，再用砂土、碎石或混凝土代替灰土回填。如坑底在地下水位以下时，回填前先用粗砂与碎石（比例为1：3）分层回填夯实；地下水位以上用3：7灰土回填夯实至要求高度。

2. 砖井或土井的处理

当砖井或土井在室外，距基础边缘5m以内时，应先用素土分层夯实，回填到室外地坪以下1.5 m处，将井壁四周砖圈拆除或松软部分挖去，然后用素土分层回填并夯实。

如井在室内基础附近，可将水位降低到最低可能的限度，用中、粗砂及块石、卵石或碎砖等回填到地下水位以上0.5 m。砖井应将四周砖圈拆至坑（槽）底以下1 m或更深些，然后再用素土分层回填并夯实，如井已回填，但不密实或有软土，可用大块石将下面软土挤紧，再分层回填素土夯实。

当井在基础下时，应先用素土分层回填夯实至基础底下2m处，将井壁四周松软部分挖去，有砖井圈时，将井圈拆至槽底以下1～1.5m。当井内有水，应用中、粗砂及块石、卵石或碎砖回填至水位以上0.5m，然后再按上述方法处理；当井内已填有土，但不密实，且挖除困难时，可在部分拆除后的砖石井圈上加钢筋混凝土盖封口，上面用素土或2：8灰土分层回填、夯实至槽底。

若井在房屋转角处，且基础部分或全部压在井上，除用以上办法回填处理外，还应对基础加强处理。当基础压在井上部分较少，可采用从基础上挑梁的办法解决。当基础压在井上部分较多，用挑梁的方法较困难或不经济时，则可将基础沿墙长方向向外延长出去，使延长部分落在天然土上。落在天然土上基础总面积应等于或稍大于井圈范围内原有基础的面积，并在墙内配筋或用钢筋混凝土梁来加强。

当井已淤填，但不密实时，可用大块石将下面的软土挤密，再用上述办法回填处理。如井内不能夯填密实，上部荷载又较大，可在井内设灰土挤密桩或石灰桩处理；如土井在大体积混凝土基础下，可在井圈上加钢筋混凝土盖板封口，上部再用素土或2：8灰土回填密实的办法处理，使基土内附加应力传布范围比较均匀，但要求盖板至基底的高差大于井径。

3. 局部软硬土的处理

当基础下局部遇基岩、旧墙基、大孤石、老灰土、化粪池、大树根、砖窑底等，均应尽可能挖除，以防建筑物由于局部落于较硬物上造成不均匀沉降，而使上部建筑物开裂。

若基础一部分落于基岩或硬土层上，一部分落于软弱土层上，基岩表面坡度较大，则应在软土层上采用现场钻孔灌注桩至基岩；或在软土部位作混凝土或砌块石支承墙（或支墩）至基岩；或将基础以下基岩凿去 0.3 ~ 0.5 m 深，填以中粗砂或土砂混合物作软性褥垫，使之能调整岩土交界部位地基的相对变形，避免应力集中出现裂缝；或采取加强基础和上部结构的刚度来克服软硬地基的不均匀变形。

如基础一部分落于原土层上，另一部分落于回填土地基上时，可在填土部位用现场钻孔灌注桩或钻孔爆扩桩直至原土层，使该部位上部荷载直接传至原土层，以避免地基的不均匀沉降。

（二）其他地基加固方法简介

1. 砂桩地基

砂桩地基是采用类似沉管灌注桩的机械和方法，通过冲击和振动把砂挤入土中而成的，这种方法经济、简单且有效。对于砂土地基，可通过振动或冲击的挤密作用，使地基达到密实，从而增加地基承载力，降低孔隙比，减少建筑物沉降，提高砂基抵抗展动液化的能力。对于黏性土地基，可起到置换和排水砂井的作用，加速土的固结，形成置换桩与固结后软黏土的复合地基，显著地提高地基抗剪强度。这种桩适用于挤密松散砂土、素填土和杂填土等地基。对于饱和软黏土地基，由于其渗透性较小，抗剪强度较低，灵敏度又较大，要使砂桩本身挤密并使地基土密实往往较困难。相反地，却破坏了土的天然结构，使抗剪强度降低，因而对这类工程要慎重对待。

2. 水泥土搅拌桩地基

水泥土搅拌桩地基系利用水泥、石灰等材料作为固化剂，通过特制的深层搅拌机械，在地基深处就地将软土和固化剂（浆液或粉体）强制搅拌，利用固化剂和软土之间所产生的一系列物理、化学反应，使软土硬结成具有一定强度的优质地基。本方法具有无振动、无噪声、无污染、无侧向挤压，对邻近建筑物影响很小，且施工期较短、造价低廉、效益显著等特点。适用于加固较深较厚的淤泥、淤泥质土、粉土和含水量较高且地基承载力不大于120 kPa 的黏性土地基，对超软土效果更为显著。多用于墙下条形基础、大面积堆料厂房地基，在深基开挖时用于防止坑壁及边坡塌滑、坑底隆起等，以及做地下防渗墙等工程。

3. 预压地基

预压地基是在建筑物施工前，在地基表面分级堆土或其他荷重，使地基土压密、沉降、固结，从而提高地基强度和减少建筑物建成后的沉降量。待达到预定标准后再卸载，建造建筑物。本法具有使用材料、机具方法简单直接，施工操作方便，但堆载预压需要一定的时间，对深厚的饱和软土，排水固结所需的时间很长，同时需要大量堆载材料等特点。适用于各类软弱地基，包括天然沉积土层或人工冲填土层，较广泛地用于冷藏库、油罐、机场跑道、集装箱码头、桥台等沉降要求较低的地基。实践证明，利用堆载预压法能取得一定的效果，但能否满足工程要求的实际效果，则取决于地基土层的固结特性、土层的厚度、预压荷载的大小和预压时间的长短等因素。因此，在使用上受到一定的限制。

4. 注浆地基

注浆地基是指利用化学溶液或胶结剂，通过压力灌注或搅拌混合等措施，而将土粒胶结起来的地基处理方法。本法具有设备工艺简单、加固效果好、可提高地基强度、消除土的湿陷性、降低压缩性等特点。适用于局部加固新建或已建的建（构）筑物基础、稳定边坡以及防渗帷幕等，也适用于湿陷性黄土地基，对于黏性土、素填土、地下水位以下的黄土地基，经试验有效时也可应用，但长期受酸性污水侵蚀的地基不宜采用。化学加固能否获得预期的效果，主要决定于能否根据具体的土质条件，选择适当的化学浆液（溶液和胶结剂）和采用有效的施工工艺。

总之，用于地基加固处理的方法较多，除上述介绍几种以外，还有高压喷射注浆地基等。

第五节　桩基础施工

一般建筑物都应该充分利用地基土层的承载能力，而尽量采用浅基础。

但若浅层土质不良，无法满足建筑物对地基变形和强度方面的要求时，可以利用下部坚实土层或岩层作为持力层，这就要采取有效的施工方法建造深基础了。深基础主要有桩基础、墩基础、沉井和地下连续墙等几种类型，其中以桩基最为常用。

一、桩基础的作用

桩基一般由设置于土中的桩和承接上部结构的承台组成。桩的作用在于将上部建筑物的荷载传递到深处承载力较大的土层上；或使软弱土层挤压，以提高土壤的承载力和密实度，从而保证建筑物的稳定性和减少地基沉降。

绝大多数桩基的桩数不止一根，而将各根桩在上端（桩顶）通过承台联成一体。根据承台与地面的相对位置不同，一般有低承台与高承台桩基之分。前者的承台底面位于地面以下，而后者则高出地面以上。一般来说，采用高承台主要是为了减少水下施工作业和节省基础材料，常用于桥梁和港口工程中。而低承台桩基承受荷载的条件比高承台好，特别在水平荷载作用下，承台周围的土体可以发挥一定的作用。在一般房屋和构筑物中，大多都使用低承台桩基。

二、桩基础的分类

（一）按承载性质分

1. 摩擦型桩

摩擦型桩又可分为摩擦桩和端承摩擦桩。摩擦桩是指在极限承载力状态下，桩顶荷载由桩侧阻力承受的桩；端承摩擦桩是指在极限承载力状态下，桩顶荷载主要由桩侧阻力承受的桩。

2. 端承型桩

端承型桩又可分为端承桩和摩擦端承桩。端承桩是指在极限承载力状态下，桩顶荷载由桩端阻力承受的桩；摩擦端承桩是指在极限承载力状态下，桩顶荷载主要由桩端阻力承受的桩。

（二）按承台位置的高低不同分

1. 高承台桩基础

承台底面高于地面，它的受力和变形不同于低承台桩基础。一般应用在桥梁、码头工程中。

2. 低承台桩基础

承台底面低于地面，一般用于房屋建筑工程中。

（三）按桩的使用功能分

竖向抗压桩、竖向抗拔桩、水平受荷载桩、复合受荷载桩。

（四）按桩身材料分

混凝土桩、钢桩、组合材料桩。

（五）按成桩方法分

非挤土桩（如：干作业法桩、泥浆护壁法桩、套筒护壁法桩）、部分挤土桩（如：部分挤土灌注桩、预钻孔打入式预制桩等）、挤土桩（如挤土灌注桩、挤土预制桩等）。

（六）按桩制作工艺分

预制桩和现场灌注桩，现在使用较多的是现场灌注桩。

第三章 砌筑工程施工技术

第一节 脚手架及垂直运输设施

在建筑施工中，脚手架和垂直运输设施占有特别重要的地位。选择与使用的合适与否，不但直接影响施工作业的顺利和安全进行，而且也关系到工程质量、施工进度和企业经济效益的提高。因而它是建筑施工技术措施中最重要的环节之一。

一、脚手架

脚手架是建筑施工中重要的临时设施，是在施工现场为安全防护、工人操作以及解决楼层间少量垂直和水平运输而搭设的支架。脚手架的种类很多，按其搭设位置分为外脚手架和里脚手架两大类；按其所用材料分为木脚手架、竹脚手架与金属脚手架；按其用途分为操作脚手架、防护用脚手架、承重和支撑用脚手架；按其构造形式分为多立杆式、框式、吊挂式、悬挑式、升降式以及用于楼层间操作的工具式脚手架等。

建筑施工脚手架应由架子工搭设，对脚手架的基本要求是：应满足工人操作、材料堆置和运输的需要；坚固稳定、安全可靠；搭拆简单、搬移方便；尽量节约材料，能多次周转使用。脚手架的宽度一般为 1.5 ~ 2.01m，砌筑用脚手架的每步架高度一般为 1.2 ~ 1.4 m，装饰用脚手架的一步架高一般为 1.6 ~ 1.8 m。

（一）外脚手架

外脚手架沿建筑物外围从地面搭起，既可用于外墙砌筑，又可用于外装饰施工。其主要形式有多立杆式、框式、桥式等。多立杆式应用最广，框式次之。

1. 多立杆式脚手架

（1）基本组成和一般构造

多立杆式脚手架主要由立杆、纵向水平杆（大横杆）、横向水平杆（小横杆）、斜撑、脚手板等组成。其特点是每步架高可根据施工需要灵活布置，取材方便，钢、竹、木等均可应用。

多立杆式脚手架分双排式和单排式两种形式。双排式沿墙外侧设两排立杆，小横杆两端支承在内外两排立杆上，多、高层房屋均可采用，当房屋高度超过 50 m 时，需专门设计。单排式沿墙外侧仅设一排立杆，其小横杆一端与大横杆连接，另一端支承在墙上，仅适用于荷载较小，高度较低，墙体有一定强度的多层房屋。

早期的多立杆式外脚手架主要是采用竹、木杆件搭设而成，后来逐渐采用钢管和特制的扣件来搭设。这种多立杆式钢管外脚手有扣件式和碗扣式两种。

钢管扣件式脚手架由钢管和扣件组成。

采用扣件连接，既牢固又便于装拆，可以重复周转使用，因而应用广泛。这种脚手架在纵向外侧每隔一定距离需设置斜撑，以加强其纵向稳定性和整体性。另外，为了防止整片脚手架外倾和抵抗风力，整片脚手架还需均匀设置连墙杆，将脚手架与建筑物主体结构相连，依靠建筑物的刚度来加强脚手架的整体稳定性。

碗扣式钢管脚手架立杆与水平杆靠特制的碗扣接头连接。

碗扣分上碗扣和下碗扣，下碗扣焊在钢管上，上碗扣对应地套在钢管上，其销槽对准焊在钢管上的限位销即能上下滑动。连接时，只需将横杆接头插入下碗扣内，将上碗扣沿限位销扣下，并顺时针旋转，靠上碗扣螺旋面使之与限位销顶紧，从而将横杆和立杆牢固地连在一起，形成框架结构。碗扣式接头可同时连接 4 根横杆，横杆可相互垂直亦可组成其他角度，因而可以搭设各种形式脚手架，特别适合于搭设扇形表面及高层建筑施工和装修作用两用外脚手架，还可作为模板的支撑。

（2）承力结构

脚手架的承力结构主要指作业层、横向构架和纵向构架三部分。

作业层是直接承受施工荷载，荷载由脚手板传给小横杆，再传给大横杆和立柱。

横向构架由立杆和小横杆组成，是脚手架直接承受和传递垂直荷载的部分。它是脚手架的受力主体。

纵向构架是由各棉横向构架通过大横杆相互之间连成的一个整体。它应沿房屋的周围形成一个连续封闭的结构，所以房屋四周脚手架的大横杆在房屋转角处要相互交圈，并确保连续。实在不能交圈时，脚手架的端头应采取有效措施来加强其整体性。常用的措施是设置抗侧力构件、加强与主体结构的拉结等。

（3）支撑体系

脚手架的支撑体系包括纵向支撑（剪刀撑）、横向支撑和水平支撑。这些支撑应与脚手架这一空间构架的基本构件很好连接。设置支撑体系的目的是使脚手架成为一个几何稳定的构架，加强其整体刚度，以增大抵抗侧向力的能力，避免出现节点的可变状态和过大的位移。

①纵向支撑（剪刀撑）

纵向支撑是指沿脚手架纵向外侧隔一定距离由下而上连续设置的剪刀撑。具体布置如下：

脚手架高度在 25 m 以下时，在脚手架两端和转角处必须设置，中间每隔 12 ~ 15 m 设一道，且每片架子不少于 3 道。剪刀撑宽度宜取 3 ~ 5 倍立杆纵距，斜杆与地面夹角宜在 45° ~ 60° 内，最下面的斜杆与立杆的连接点离地面不宜大于 500 mm。

脚手架高度在 25 ~ 50 m 时，除沿纵向每隔 12 ~ 15m 自下而上连续设置一道剪刀撑外，在相邻两排剪刀撑之间，尚需沿高度每隔 10 ~ 15m 加设一道沿纵向通长的剪刀撑。对高度大于 50 m 的高层脚手架，应该沿脚手架全长和全高连续设置剪刀撑。

②横向支撑

横向支撑是指在横向构架内从底到顶沿全高呈之字形设置的连续的斜撑。具体设置要求如下：

脚手架的纵向构架因条件限制不能形成封闭形，如“一”字形、T”形或“凹”字形的脚手架，其两端必须设置横向支撑，并于中间每隔 6 个间距加设一道横向支撑。脚手架高度超过 25 m 时，每隔 6 个间距要设置横向支撑一道。

③水平支撑

水平支撑是指在设置连墙拉结杆件的所在水平面内连续设置的水平斜杆。一般可根据需要设置，如在承力较大的结构脚手架中或在承受偏心荷载较大的承托架、防护棚、悬挑水平安全网等部位设置，以加强其水平刚度。

（4）抛撑和连墙杆

脚手架由于其横向构架本身是一个高跨比相差悬殊的单跨结构，仅依靠结构本身尚难以做到保持结构的整体稳定，防止倾覆和抵抗风力。对于高度低于三步的脚手架，可以采用加设抛撑来防止其倾覆，抛撑的间距不超过 6 倍立杆间距，抛撑与地面的夹角为 45° ~ 60° 并应在地面支点处铺设垫板。对于高度超过三步的脚手架防止倾斜和倒塌的主要措施是将脚手架整体依附在整体刚度很大的主体结构上，依靠房屋结构的整体刚度来加强和保证整片脚手架的稳定性。其具体做法是在脚手架上均匀地设置足够多的牢固的连墙点。连墙点的位置应设置在与立杆和大横杆相交的节点处，离节点的间距不宜大于 300 mm。

设置一定数量的连墙杆后，整片脚手架的倾覆破坏一般不会发生。但要求与连墙杆连接一端的墙体本身要有足够的刚度，所以连墙杆在水平方向应设置在框架梁或楼板附近，竖直方向应设置在框架柱或横隔墙附近。连墙杆在房屋的每层范围均需布置一排，一般竖向间距为脚手架步高的 2 ~ 4 倍，不宜超过 4 倍，且绝对值在 3 ~ 4m 内；横向间距宜选用立杆纵距的 3 ~ 4 倍，不宜超过 4 倍，且绝对值在 4.5 ~ 6.0 m 内。

（5）搭设要求

脚手架搭设时应注意地基平整坚实，设置底座和垫板，并有可靠的排水措施，防止积水浸泡地基引起不均匀沉陷。杆件应按设计方案进行搭设，并注意搭设顺序，扣件拧紧程度应适度，一般扭力矩应为 40 ~ 60kN · m。禁止使用规格和质量不合格的杆配件。相邻立柱的对接扣件不得在同一高度，应随时校正杆件的垂直和水平偏差。脚手架处于顶层连墙点之上的自由高度不得大于 6 m。当作业层高出其下连墙件 2 步或 4 m 以上，且其上尚无连墙件时，应采取适当的临时撑拉措施。脚手板或其他作业层铺板的铺设应符合有关规定。

2. 框式脚手架

（1）基本组成

框式脚手架也称为门式脚手架，是当今国际上应用最普遍的脚手架之一。它不仅可作为外脚手架，而且可作为内脚手架或满堂脚手架。框式脚手架由门式框架、剪刀撑、水平梁架、螺旋基脚组成基本单元，将基本单元相互连接并增加梯子、栏杆及脚手板等即形成脚手架。

（2）搭设要求

框式脚手架是一种工厂生产、现场搭设的脚手架，一般只要按产品目录所列的使用荷载和搭设规定进行施工，不必再进行验算。如果实际使用情况与规定有出入时，应采取相应的加固措施或进行验算。通常框式脚手架搭设高度限制在 45 m 以内，采取一定措施后达到 80 m 左右。施工荷载一般为均布荷载 1.8kN/ ㎡，或作用于脚手架板跨中的集中荷载 2 kN。

搭设框式脚手架时，基底必须夯实找平，并铺可调底座，以免发生塌陷和不均匀沉降。要严格控制第一步门式框架垂直度偏差不大于 2 mm，门架顶部的水平偏差不大于 5 mm。门架的顶部和底部用纵向水平杆和扫地杆固定。门架之间必需设置剪刀撑和水平梁架（或脚手板），其间连接应可靠，以确保脚手架的整体刚度。

（二）里脚手架

里脚手架搭设于建筑物内部，每砌完一层墙后，即将其转移到上一层楼面，进行新的一层砌体砌筑，它可用于内外墙的砌筑和室内装饰施工。里脚手架用料少，但装拆频繁，故要求轻便灵活，装拆方便。其结构形式有折叠式、支柱式和门架式等多种。

1. 折叠式

折叠式里脚手架适用于民用建筑的内墙砌筑和内粉刷，也可用于砖围墙、砖平房的外墙砌筑和粉刷。根据材料不同，分为角钢、钢管和钢筋折叠式里脚手架。

2. 支柱式

支柱式里脚手架由若干个支柱和横杆组成。适用于砌墙和内粉刷。其搭设间距，砌墙时不超过 2 m，粉刷时不超过 2.5 m。支柱式里脚手架的支柱有套管式和承插式两种形式。

（三）其他几种脚手架简介

1. 木、竹脚手架

各种先进金属脚手架的迅速推广，使传统木、竹脚手架的应用减少，但在我国南方地区和广大乡镇地区仍时常采用木、竹脚手架。木、竹脚手架是由木杆或竹竿用铅丝、棕绳或竹篾绑扎而成。木杆常用剥皮杉杆，缺乏杉杆时，也可用其他坚韧质轻的木料。竹竿应使用生长 3 年以上的毛竹。

2. 悬挑式脚手架

悬挑式脚手架简称挑架。搭设在建筑物外边缘向外伸出的悬挑结构上，将脚手架荷载全部或部分传递给建筑结构。悬挑支承结构有用型钢焊接制作的三角桁架下撑式结构以及用钢丝绳斜拉住水平型钢挑梁的斜拉式结构两种主要形式。在悬挑结构上搭设的双排外脚手架与落地式脚手架相同，分段悬挑脚手架的高度一般控制在 25 m 以内。该形式的脚手架适用于高层建筑的施工。由于脚手架系沿建筑物高度分段搭设，故在一定条件下，当上层还在施工时，其下层即可提前交付使用；而对于有裙房的高层建筑，则可使裙房与主楼不受外脚手架的影响，同时展开施工。

3. 吊挂式脚手架

吊挂式脚手架在主体结构施工阶段为外挂脚手架，随主体结构逐层向上施工，用塔吊吊升，悬挂在结构上。在装饰施工阶段，该脚手架改为从屋顶吊挂，逐层下降。吊挂式脚手架的吊升单元（吊篮架子）宽度宜控制在 5 ~ 6 m。该形式的脚手架适用于高层框架和剪力墙结构施工。

4. 升降式脚手架

升降式脚手架简称爬架。它是将自身分为两大部件，分别依附固定在建筑结构上。在主体结构施工阶段，升降式脚手架利用自身带有的升降机构和升降动力设备，使两个部件互为利用，交替松开、固定，交替爬升，其爬升原理与爬升模板相同。在装饰施工阶段，交替下降。该形式的脚手架搭设高度为 3 ~ 4 个楼层，不占用塔吊，相对落地式外脚手架，省材料、省人工，适用于高层框架、剪力墙和筒体结构的快速施工。

（四）脚手架的安全防护措施

在房屋建筑施工过程中因脚手架出现事故的概率相当高，所以在脚手架的设计、架设、使用和拆卸中均需十分重视安全防护问题。

当外墙砌筑高度超过4m或立体交叉作业时，除在作业面正确铺设脚手板和安装防护栏杆与挡脚板外，还必须在脚手架外侧设置安全网。架设安全网时，其伸出宽度应不小于2m，外口要高于内口，搭接应牢固，每隔一定距离应使用拉绳将斜杆与地面锚桩拉牢。

当用里脚手架施工外墙或多层、高层建筑用外脚手架时，均需设置安全网。安全网应随楼层施工进度逐步上升，高层建筑除这一道逐步上升的安全网外，尚应在下面间隔3～4层的部位设置一道安全网。施工过程中要经常对安全网进行检查和维修，每块支好的安全网应能承受不小于1.6 kN的冲击荷载。

钢脚手架不得搭设在距离35 kV以上的高压线路4.5 m以内的地区和距离1～10 kV高压线路3 m以内的地区。钢脚手架在架设和使用期间要严防与带电体接触，需要穿过或靠近380 V以内的电力线路，距离在2m以内时，则应断电或拆除电源，如不能拆除，应采取可靠的绝缘措施。

搭设在旷野、山坡上的钢脚手架，如在雷击区域或雷雨季节时，应设避雷装置。

二、垂直运输设施

垂直运输设施指在建筑施工中担负垂直输送材料和人员上下的机械设备和设施。砌筑工程中的垂直运输量很大，不仅要运输大量的砖（或砌块）、砂浆，而且还要运输脚手架、脚手板和各种预制构件，因而如何合理安排垂直运输就直接影响到砌筑工程的施工速度和工程成本。

（一）垂直运输设施的种类

目前，砌筑工程中常用的垂直运输设施有塔式起重机、井架、龙门架、施工电梯、灰浆泵等。

1. 塔式起重机

塔式起重机具有提升、回转、水平运输等功能，不仅是重要的吊装设备，而且也是重要的垂直运输设备，尤其在吊运长、大、重的物料时有明显的优势，故在可能条件下宜优先选用。

2. 井架、龙门架

井架是施工中最常用的，也是最为简便的垂直运输设施。它的稳定性好、运输量大，除用型钢或钢管加工的定型井架之外，还可用脚手架材料搭设而成。井架多为单孔井架，但也可构成两孔或多孔井架。井架通常带一个起重臂和吊盘。起重臂起重能力为 5 ~ 10 kN 在其外伸工作范围内也可作小距离的水平运输。吊盘起重量为 10 ~ 15 kN，其中可放置运料的手推车或其他散装材料。搭设高度可达 40 m，需设缆风绳保持井架的稳定。

龙门架是由两根三角形截面或矩形截面的立柱及天轮梁（横梁）组成的门式架。在龙门架上设滑轮、导轨、吊盘、缆风绳等，进行材料、机具和小型预制构件的垂直运输。龙门架构造简单、制作容易、用材少、装拆方便，但刚度和稳定性较差，一般适用于中小型工程。

3. 施工电梯

多数施工电梯为人货两用，少数为供货用。电梯按其驱动方式可分为齿条驱动和绳轮驱动两种。齿条驱动电梯又有单吊箱（笼）式和双吊箱（笼）式两种，并装有可靠的限速装置，适用于 20 层以上建筑工程使用；绳轮驱动电梯为单吊箱（笼、无限速装置，轻巧便宜），适于 20 层以下建筑工程使用。

4. 灰浆泵

灰浆泵是一种可以在垂直和水平两个方向连续输送灰浆的机械，目前常用的有活塞式和挤压式两种。活塞式灰浆泵按其结构又分为直接作用式和隔膜式两类。

（二）垂直运输设施的设置要求

垂直运输设施的设置一般应根据现场施工条件满足以下一些基本要求。

1. 覆盖面和供应面

塔吊的覆盖面是指以塔吊的起重幅度为半径的圆形吊运覆盖面积。垂直运输设施的供应面是指借助于水平运输手段（手推车等）所能达到的供应范围。建筑工程全部的作业面应处于垂直运输设施的覆盖面和供应面的范围之内。

2. 供应能力

塔吊的供应能力等于吊次乘以吊量（每次吊运材料的体积、重量或件数），其他垂直运输设施的供应能力等于运次乘以运量，运次应取垂直运输设施和与其配合的水平运输机具中的低值。另外，还需乘以 0.5 ~ 0.75 的折减系数，以考虑由于难以避免的因素对供应能力的影响（如机械设备故障等垂直运输设备的供应能力应能满足高峰工作量的需要）。

3. 提升高度

设备的提升高度能力应比实际需要的升运高度高，其高出程度不少于3 m，以确保安全。

4. 水平运输手段

在考虑垂直运输设施时，必须同时考虑与其配合的水平运输手段。

5. 装设条件

垂直运输设施装设的位置应具有相适应的装设条件，如具有可靠的基础、与结构拉结和水平运输通道条件等。

6. 设备效能的发挥

必须同时考虑满足施工需要和充分发挥设备效能的问题，当各施工阶段的垂直运输量相差悬殊时，应分阶段设置和调整垂直运输设备，及时拆除已不需要的设备。

7. 设备拥有的条件和今后利用的问题

充分利用现有设备，必要时添置或加工新的设备。在添置或加工新的设备时应考虑今后利用的前景。

8. 安全保障

安全保障是使用垂直运输设施中的首要问题，必须引起高度重视。所有垂直运输设备都要严格按有关规定操作使用。

第二节 砌体施工的准备工作

一、砂浆的制备

砂浆按组成材料的不同大致可分为水泥砂浆、混合砂浆两类。

（一）水泥砂浆

用水泥和砂拌和成的水泥砂浆具有较高的强度和耐久性，但和易性差。其多用于高强度和潮湿环境的砌体中。

（二）混合砂浆

在水泥砂浆中掺入一定数量的石灰膏或黏土膏的水泥混合砂浆具有一定的强度和耐久性，且和易性和保水性好。其多用于一般墙体中。

砂浆的配合比应事先通过计算和试配确定。水泥砂浆的最小水泥用量不宜小于 200 kg/m³。砂浆用砂宜采用中砂。砂中的含泥量对于水泥砂浆和强度等级不小于 M5 的水泥混合砂浆，且不宜超过 5%。对于强度等级小于 M5 的水泥混合砂浆，不应超过 10%。用块状生石灰熟化成石灰膏时，其熟化时间不得少于 7 d。用黏土或粉质黏土制备黏土膏应过筛，并用搅拌机加水搅拌。为了改善砂浆在砌筑时的和易性，可掺入适量的有机塑化剂，其掺量一般为水泥用量的（0.5 ~ 1）/10 000。

砂浆应采用机械拌和，自投完料算起，水泥砂浆和水泥混合砂浆的拌和时间不得少于 2 min；水泥粉煤灰砂浆和掺用外加剂的砂浆不得少于 3 min；掺用有机塑化剂的砂浆为 3 ~ 5 min。拌成后的砂浆，其稠度应符合相关规定；分层度不应大于 30 mm；颜色一致。砂浆拌成后应盛入贮灰器中，如砂浆出现泌水现象，应在砌筑前再次拌和，砂浆应随拌随用。水泥砂浆和水泥混合砂浆必须分别在拌成 3 h 和 4 h 内使用完毕；若施工期间最高气温超过 30℃时，必须分别在拌成后 2h 和 3h 内使用完毕。

砂浆强度等级以标准养护［温度为（20 ± 5）℃及正常湿度条件下的室内不通风处养护］龄期为 28d 的试块抗压强度为准。砌筑砂浆强度等级分为 M15、M10、M7.5、M5、M2.5 五个等级，各强度等级相应的抗压强度值应符合规定。砂浆试块应在搅拌机出料口随机取样制作。每一检验批且不超过 250 m 砌体的各种类型及强度等级的砌筑砂浆，每台搅拌机应至少抽验一次。

二、砖的准备

砖的品种、强度等级必须符合设计要求，并应规格一致。用于清水墙、柱表面的砖，应边角整齐、色泽均匀。在砌砖前应提前 1 ~ 2d 将砖堆浇水湿润，以使砂浆和砖能很好地黏结。严禁砌筑前临时浇水，以免因砖表面存有水膜而影响砌体质量。烧结普通砖、多孔砖的含水率宜为 10% ~ 15%，灰砂砖、粉煤灰砖的含水率宜为 8% ~ 12%。检查含水率的最简易方法是现场断砖，砖截面周围融水深度达 15 ~ 20 mm 即视为符合要求。

三、施工机具的准备

砌筑前，一般应按施工组织设计要求组织垂直和水平运输机械。砂浆搅拌机械进场、安装、调试等工作。垂直运输多采用扣件及钢管搭设的井架，或人货两用施工电梯，或塔式起重机，而水平运输多采用手推车或机动翻斗车。对多高层建筑，还可以用灰浆泵输送砂浆。同时，还要准备脚手架、砌筑工具（如皮数杆、托线板）等。

第三节 砌筑工程的类型与施工

一、砌体的一般要求

砌体可分为：砖砌体，主要有墙和柱；砌块砌体多用于定型设计的民用房屋及工业厂房的墙体；石材砌体多用于带形基础、挡土墙及某些墙体结构；配筋砌体是在砌体水平灰缝中配置钢筋网片或在墙体外部的预留沟槽内设置竖向粗钢筋的组合砌体。

砌体除应采用符合质量要求的原材料外，还必须有良好的砌筑质量，以使砌体有良好的整体性、稳定性和良好的受力性能，一般要求灰缝横平竖直，砂浆饱满、厚薄均匀，砌块应上下错缝、内外搭砌、接槎牢固、墙面垂直；要预防不均匀沉降引起开裂；要注意施工中墙、柱的稳定性；冬期施工时还要采取相应的措施。

二、毛石基础与砖基础砌筑

（一）毛石基础

1. 毛石基础构造

毛石基础是用毛石与水泥砂浆或水泥混合砂浆砌成。所用毛石应质地坚硬、无裂纹，强度等级一般为 MU20 以上，砂浆宜用水泥砂浆，强度等级应不低于 M5。

毛石基础可作墙下条形基础或柱下独立基础。按其断面形状有矩形、阶梯形和梯形等。基础顶面宽度比墙基底面宽度要大于 200 mm；基础底面宽度依设计计算而定，梯形基础坡角应大于 60°。阶梯形基础每阶高不小于 300 mm，每阶挑出宽度不大于 200 mm。

2. 毛石基础施工要点

基础砌筑前应先行验槽并将表面的浮土和垃圾清除干净。

放出基础轴线及边线，其允许偏差应符合规范规定。

毛石基础砌筑时，第一波石块应坐浆，并大面向下；料石基础的第一波石块应丁砌并坐浆。砌体应分皮卧砌，上下错缝，内外搭砌，不得采用先砌外面石块后中间填心的砌筑方法。

石砌体的灰缝厚度：毛料石和粗料石砌体不宜大于 20mm，细料石砌体不宜大于 5 mm。石块间较大的孔隙应先填塞砂浆后用碎石填实，不得采用先放碎石块后灌浆或干填碎石块的方法。

为增加整体性和稳定性，应按规定设置拉结石。

毛石基础的最上一皮及转角处、交接处和洞口处，应选用较大的平毛石砌筑。有高低台的毛石基础，应从低处砌起，并由高台向低台搭接，搭接长度不小于基础高度。

阶梯形毛石基础，上阶的石块应至少压砌下阶石块的 1/2。相邻阶梯毛石应相互错缝搭接。

毛石基础的转角处和交接处应同时砌筑。如不能同时砌筑又必须留槎时，应砌成斜槎。每天可砌高度应不超过 1.2 m。

（二）砖基础

1. 砖基础构造

砖基础下部通常扩大，称为大放脚。大放脚有等高式和不等高式两种。等高式大放脚是两皮一收，即每砌两皮砖，两边各收进 1/4 砖长；不等高式大放脚是两皮一收与一皮一收相间隔，即砌两皮砖，收进 1/4 砖长，再砌一皮砖，收进 1/4 砖长，如此往复。在相同底宽的情况下，后者可减小基础高度，但为保证基础的强度，底层需用两皮一收砌筑。大放脚的底宽应根据计算而定，各层大放脚的宽度应为半砖长的整倍数（包括灰缝）。

在大放脚下面为基础地基，地基一般用灰土、碎砖三合土或混凝土等。在墙基顶面应设防潮层，防潮层宜用 1 ： 2.5 水泥砂浆加适量的防水剂铺设，其厚度一般为 20 mm，位置在底层室内地面以下一皮砖处，即离底层室内地面下 60 mm 处。

2. 砖基础施工要点

砌筑前，应将地基表面的浮土及垃圾清除干净。

基础施工前，应在主要轴线部位设置引桩，以控制基础、墙身的轴线位置，并从中引出墙身轴线，而后向两边放出大放脚的底边线。在地基转角、交接及高低踏步处预先立好基础皮数杆。

砌筑时，可依皮数杆先在转角及交接处砌几皮砖，然后在其间拉准线砌中间部分。内外墙砖基础应同时砌起，如不能同时砌筑时应留置斜槎，斜槎长度不应小于斜槎高度。

基础底标高不同时，应从低处砌起，并由高处向低处搭接。如设计无要求，搭接长度不应小于大放脚的高度。

大放脚部分一般采用一顺一丁砌筑形式。水平灰缝及竖向灰缝的宽度应控制在 10 mm 左右，水平灰缝的砂浆饱满度不得小于 80%，竖缝要错开。要注意丁字及十字接头处砖块的搭接，在这些交接处，纵横墙要隔皮砌通。大放脚的最下一皮及每层的最上一皮应以丁砌为主。

基础砌完验收合格后，应及时回填。回填土要在基础两侧同时进行，并分层夯实。

三、砖墙砌筑

（一）砌筑形式

普通砖墙的砌筑形式主要有五种：一顺一丁、三顺一丁、梅花丁、两平一侧和全顺式。

1. 一顺一丁

一顺一丁是一皮全部顺砖与一皮全部丁砖间隔砌成。上下皮竖缝相互错开 1/4 砖长。这种砌法效率较高，适用于砌一砖、一砖半及二砖墙。

2. 三顺一丁

三顺一丁是三皮全部顺砖与一皮全部丁砖间隔砌成。上下皮顺砖间竖缝错开 1/2 砖长；上下皮顺砖与丁砖间竖缝错开 1/4 砖长。这种砌法因顺砖较多，效率较高，适用于砌一砖、一砖半墙。

3. 梅花丁

梅花丁是每皮中丁砖与顺砖相隔，上皮丁砖座中于下皮顺砖，上下皮间竖缝相互错开 1/4 砖长。这种砌法内外竖缝每皮都能避开，故整体性较好，灰缝整齐，比较美观，但砌筑效率较低。适用于砌一砖及一砖半墙。

4. 两平一侧

两平一侧采用两皮平砌砖与一皮侧砌的顺砖相隔砌成。当墙厚为 3/4 砖时，平砌砖均为顺砖，上下皮平砌顺砖间竖缝相互错开 1/2 砖长；上下皮平砌顺砖与侧砌顺砖间竖缝相互 1/2 砖长。当墙厚为 1 砖长时，上下皮平砌顺砖与侧砌顺砖间竖缝相互错开 1/2 砖长；上下皮平砌丁砖与侧砌顺砖间竖缝相互错开 1/4 砖长。这种形式适合于砌筑 3/4 砖墙及一砖墙。

5. 全顺式

全顺式是各皮砖均为顺砖，上下皮竖缝相互错开 1/2 砖长。这种形式仅使用于砌半砖墙。为了使砖墙的转角处各皮间竖缝相互错开，必须在外角处砌七分头砖（3/4 砖长）。当采用一顺一丁组砌时，七分头的顺面方向依次砌顺砖，丁面方向依次砌丁砖。

砖墙的丁字接头处应分皮相互砌通，内角相交处竖缝应错开 1/4 砖长，并在横墙端头处加砌七分头砖。

砖墙的十字接头处，应该分皮相互砌通，交角处的竖缝应相互错开 1/4 砖长。

（二）砌筑工艺

砖墙的砌筑一般有抄平、放线、摆砖、立皮数杆、盘角、挂线、砌筑、勾缝、清理等工序。

1. 抄平放线

砌墙前先在基础防潮层或楼面上定出各层标高，并用水泥砂浆或 C10 细石混凝土找平，然后根据龙门板上标志的轴线，弹出墙身轴线、边线及门窗洞口位置。二楼以上墙的轴线可以用经纬仪或垂球将轴线引测上去。

2. 摆砖

摆砖，又称摆脚，是指在放线的基面上按选定的组砌方式用干砖试摆。目的是校对所放出的墨线在门窗洞口、附墙垛等处是否符合砖的模数，以尽可能减少砍砖，并使砌体灰缝均匀，组砌得当。一般在房屋纵墙方向摆顺砖，在山墙方向摆丁砖，摆砖由一个大角摆到另一个大角，砖与砖留 10 mm 缝隙。

3. 立皮数杆

皮数杆是指在其上划有每皮砖和灰缝厚度，以及门窗洞口、过梁、楼板等高度位置的一种木制标杆。砌筑时用来控制墙体竖向尺寸及各部位构件的竖向标高，并保证灰缝厚度的均匀性。

皮数杆一般设置在房屋的四大角以及纵横墙的交接处，如墙面过长时，应每隔 10 ~ 15m 立一根。皮数杆需用水平仪统一竖立，使皮数杆上的 ±0.00 与建筑物的 ±0.00 相吻合，以后就可以向上接皮数杆。

4. 盘角、挂线

墙角是控制墙面横平竖直的主要依据，所以一般砌筑时应先砌墙角，墙角砖层高度必须与皮数杆相符合，做到“三皮一吊，五皮一靠”。墙角必须双向垂直。

墙角砌好后，即可挂小线，作为砌筑中间墙体的依据，以保证墙面平整，一般一砖墙、一砖半墙可用单面挂线，一砖半墙以上则应用双面挂线。

5. 砌筑、勾缝

砌筑操作方法各地不一，但应保证砌筑质量要求。通常采用“三一砌砖法”，即一块砖、一铲灰、一揉压，并随手将挤出的砂浆刮去的砌筑方法。这种砌法的优点是灰缝容易饱满、黏结力好、墙面整洁。

勾缝是砌清水墙的最后一道工序，可以用砂浆随砌随勾缝，叫作原浆勾缝；也可砌完墙后再用 1 ∶ 1.5 水泥砂浆或加色砂浆勾缝，称为加浆勾缝。勾缝具有保护墙面和增加墙面美观的作用，为了确保勾缝质量，勾缝前应清除墙面黏结的砂浆和杂物，并洒水润湿，在砌完墙后应画出的灰槽、灰缝可勾成凹、平、斜或凸形状。勾缝完后尚应清扫墙面。

（三）施工要点

全部砖墙应平行砌起，砖层必须水平，砖层正确位置用皮数杆控制，基础和每楼层砌完后必须校对一次水平、轴线和标高，在允许偏差范围内，其偏差值应在基础或楼板顶面调整。

砖墙的水平灰缝和竖向灰缝宽度一般为 10 mm，但不小于 8 mm，也不应大于 12 mm。水平灰缝的砂浆饱满度不得低于 80%，竖向灰缝宜采用挤浆或加浆方法，使其砂浆饱满，严禁用水冲浆灌缝。

砖墙的转角处和交接处应同时砌筑。对不能同时砌筑而又必须留槎时，应砌成斜槎，斜槎长度不应小于高度的 2/3。非抗震设防及抗震设防烈度为 6 度、7 度地区的临时间断处，当不能留斜槎时，除转角处外，可留直接，但必须做成凸槎，并加设拉结筋。拉结筋的数量为每 120 mm 墙厚放置挪 6 拉结钢筋，间距沿墙高不应超过 500 mm，埋入长度从留槎处算起每边均不应小于 500 mm，对抗震设防烈度为 6 度、7 度的地区，不应小于 1 000 mm，末端应有 90° 弯钩。抗震设防地区不得留直槎。

砖墙接槎时，必须将接槎处的表面清理干净，浇水润湿，并应填实砂浆，保持灰缝平直。

每层承重墙的最上一皮砖、梁或梁垫的下面及挑檐、腰线等处，应是整砖丁砌。填充墙砌至接近梁、板底时，应留一定空隙，待填充墙砌筑完并应至少间隔 7d 后，再将其补砌挤紧。

砖墙中留置临时施工洞口时，其侧边离交接处的墙面不应小于 500 mm，洞口净宽度不应超过 1 m。

砖墙相邻工作段的高度差，不得超过一个楼层的高度，也不宜大于 4m。工作段的分段位置应设在伸缩缝、沉降缝、防震缝或门窗洞口处。砖墙临时间断处的高度差，不得超过一步脚手架的高度。砖墙每天砌筑高度以不超过 1.8 m 为宜。

在下列墙体或部位中不得留设脚手眼：

120 mm 厚墙、料石清水墙和独立柱。

过梁上与过梁成 60° 角的三角形范围及过梁净跨度 1/2 的高度范围内。

宽度小于 1m 的窗间墙。

砌体门窗洞口两侧 200 mm（石砌体为 300 mm）和转角处 450 mm（石砌体为 600 mm）范围内。

梁或梁垫下及其左右 500 mm 范围内。

设计不允许设置脚手眼的部位。

四、配筋砌体

配筋砌体是由配置钢筋的砌体作为建筑物主要受力构件的结构。配筋砌体有网状配筋砌体柱、水平配筋砌体墙、砖砌体和钢筋混凝土面层或钢筋砂浆面层组合砌体柱（墙）、砖砌体和钢筋混凝土构造柱组合墙和配筋砌块砌体剪力墙。

（一）配筋砌体的构造要求

配筋砌体的基本构造与砖砌体相同，不再赘述。下面主要介绍构造的不同点：

1. 砖柱（墙）网状配筋的构造

砖柱（墙）网状配筋是在砖柱（墙）的水平灰缝中配有钢筋网片。钢筋上、下保护层厚度不应小于 2 mm。所用砖的强度等级不低于 MU10。砂浆的强度等级不应低于 M7.5。采用钢筋网片时，宜采用焊接网片，钢筋直径宜采用 3 ~ 4mm；钢筋网中的钢筋的间距不应大于 120 mm，并不应小于 30 mm；钢筋网片竖向间距，不应大于五皮砖，并不应大于 400 mm。

2. 组合砖砌体的构造

组合砖砌体是指砖砌体和钢筋混凝土面层或钢筋砂浆面层的组合砌体构件，有组合砖柱、组合砖壁柱和组合砖墙等。

组合砖砌体构件的构造为：面层混凝土强度等级宜采用 C20。面层水泥砂浆强度等级不宜低于 M10，砖强度等级不宜低于 MU10，砌筑砂浆的强度等级不宜低于由 7.5。砂浆面层厚度宜采用 30 ~ 45 mm，当面层厚度大于 45 mm 时，其面层宜采用混凝土。

3. 砖砌体和钢筋混凝土构造柱组合墙

组合墙砌体宜用强度等级不低于 MU7.5 的普通砌墙砖与强度等级不低于 M5 的砂浆砌筑。

构造柱截面尺寸不宜小于 240 mm × 240 mm，其厚度不应小于墙厚。砖砌体与构造柱的连接处应砌成马牙槎。

组合砖墙的施工程序应先砌墙后浇混凝土构造桩。

4. 配筋砌块砌体构造要求

砌块强度等级不应低于 MU10；砌筑砂浆不应低于 M7.5；灌孔混凝土不应低于 C20；配筋砌块砌体柱边长不宜小于 400 mm；配筋砌块砌体剪力墙厚度连梁宽度不应小于 190 mm。

（二）配筋砌体的施工工艺

配筋砌体施工工艺的弹线、找平、排砖揭底、墙体盘角、选砖、立皮数杆、挂线、留槎等施工工艺与普通砖砌体要求相同，下面主要介绍其不同点：

1. 砌砖及放置水平钢筋

砌砖宜采用“三一砌砖法”，即“一块砖、一铲灰、一揉压”，水平灰缝厚度和竖直灰缝宽度一般为 10 mm，但不应小于 8 mm，也不应大于 12 mm。砖墙（柱）的砌筑应达到上下错缝、内外搭砌、灰缝饱满、横平竖直的要求。皮数杆上要标明钢筋网片、箍筋或拉结筋的位置，钢筋安装完毕，并经隐蔽工程验收后方可砌上层砖，同时要保证钢筋上下至少各有 2 mm 保护层。

2. 砂浆（混凝土）面层施工

组合砖砌体面层施工前，应清除面层底部的杂物，并浇水湿润砖砌体表面。砂浆面层施工从下而上分层施工，一般应两次涂抹，第一次是刮底，使受力钢筋与砖砌体有一定保护层；第二次是抹面，使面层表面平整。混凝土面层施工应支设模板，每次支设高度一般为 50 ~ 60cm，并分层浇筑，振捣密实，待混凝土强度达到 30% 以上才能拆除模板。

3. 构造柱施工

构造柱竖向受力钢筋，底层锚固在基础梁上，锚固长度不应小于 35d（d 为竖向钢筋直径），并保证位置正确。受力钢筋接长，可采用绑扎接头，搭接长度为 35d，绑扎接头处箍筋间距不应大于 200 mm。楼层上下 500 mm 范围内箍筋间距宜为 100。砖砌体与构造柱连接处应砌成马牙槎，从每层柱脚开始，先退后进，每一马牙槎沿高度方向的尺寸不宜超过 300 mm，并沿墙高每隔 500 mm 设 2 ϕ false6 拉结钢筋，且每边伸入墙内不宜小于 1 m；预留的拉结钢筋应位置正确，施工中不得任意弯折。浇筑构造柱混凝土之前，必须将砖墙和模板浇水湿润（若为钢模板，不浇水，刷隔离剂），并将模板内落地灰、砖渣和其他杂物清理干净。浇筑混凝土可分段施工，每段高度不宜大于 2 m，或每不楼层分两次浇灌，应用插入式振动器，分层捣实。

五、砌块砌筑

用砌块代替烧结普通砖做墙体材料，是墙体改革的一个重要途径。近几年来，中小型砌块在我国得到了广泛应用。常用的砌块有粉煤灰硅酸盐砌块、混凝土小型空心砌块、煤矸石砌块等。砌块的规格不统一，中型砌块一般高度为 380 ~ 940 mm，长度为高度的 1.5 ~ 2.5 倍，厚度为 180 ~ 300 mm，每块砌块质量 50 ~ 200 kg。

（一）砌块排列

由于中小型砌块体积较大、较重，不如砖块可以随意搬动，多用专门设备进行吊装砌筑，且砌筑时必须使用整块，不像普通砖可随意砍凿，因此在施工前，需根据工程平面图、立面图及门窗洞口的大小、楼层标高、构造要求等条件，绘制各墙的砌块排列图，以指导吊装砌筑施工。

砌块排列图按每片纵横墙分别绘制。其绘制方法是在立面上用 1 ： 50 或 1 ： 30 的比例绘出纵横墙，然后将过梁、平板、大梁、楼梯、孔洞等在墙面上标出，由纵墙和横墙高度计算皮数，放出水平灰缝线，并保证砌体平面尺寸和高度是块体加灰缝尺寸的倍数，再按砌块错缝搭接的构造要求和竖缝大小进行排列。对砌块进行排列时，注意尽量以主规格砌块为主，辅助规格砌块为辅，减少镶砖。小砌块墙体应对孔错缝璜砌，搭接长度不应小于 90 mm。墙体的个别部位不能满足上述要求时，应在灰缝中设置拉结钢筋或钢筋网片，但竖向通缝仍不得超过两皮小砌块。砌块中水平灰缝厚度一般为 10 ~ 20 mm，有配筋的水平灰缝厚度为 20 ~ 25mm；竖缝的宽度为 15 ~ 20mm，当竖缝宽度大于 30 mm 时，应用强度等级不低于 C20 的细石混凝土填实，当竖缝宽度≥ 1 500 mm 或楼层高不是砌块加灰缝的整数倍时，应用普通砖镶砌。

（二）砌块施工工艺

砌块施工的主要工序是：铺灰、砌块吊装就位、校正、灌缝和镶砖。

1. 铺灰

砌块墙体所采用的砂浆，应具有良好的和易性，其稠度 50 ~ 70 mm 为宜，铺灰应平整饱满，每次铺灰长度一般不超过 5 m，炎热天气及严寒季节应适当缩短。

2. 砌块吊装就位

砌块安装通常采用两种方案：一是以轻型塔式起重机进行砌块、砂浆的运输，以及楼板等预制构件的吊装，由台架吊装砌块；二是以井架进行材料的垂直运输、杠杆车进行楼板吊装，所有预制构件及材料的水平运输则用砌块车和劳动车，台架负责砌块的吊装，前者适用于工程量大或两幢房屋对翻流水的情况，后者适用于工程量小的房屋。

砌块的吊装一般按施工段依次进行，其次序为先外后内、先远后近、先下后上，在相邻施工段之间留阶梯形斜槎。吊装时应从转角处或砌块定位处开始，采用摩擦式夹具，按砌块排列图将所需砌块吊装就位。

3. 校正

砌块吊装就位后，用托线板检查砌块的垂直度，拉准线检查水平度，并用撬棍、楔块调整偏差。

4. 灌缝

竖缝可用夹板在墙体内外夹住，然后灌砂浆，用竹片插或铁棒捣，使其密实。当砂浆吸水后用刮缝板把竖缝和水平缝刮齐。灌缝后一般不应再撬动砌块，以防损坏砂浆黏结力。

5. 镶砖

当砌块间出现较大竖缝或过梁找平时，应镶砖。镶砖砌体的竖直缝和水平缝应控制在 15 ~ 30 mm 以内。镶砖工作应在砌块校正后即刻进行，镶砖时应注意使砖的竖缝灌密实。

（三）砌块砌体质量检查

砌块砌体质量应符合下列规定：

砌块砌体砌筑的基本要求与砖砌体相同，但搭接长度不应少于 150 mm。

外观检查应达到：墙面清洁，勾缝密实，深浅一致，交接平整。

经试验检查，在每一楼层或 250 ㎡ 砌体中，一组试块（每组 3 块）同强度等级的砂浆或细石混凝土的平均强度不得低于设计强度最低值，对砂浆不得低于设计强度的 75%，对于细石混凝土不得低于设计强度的 85%。

预埋件、预留孔洞的位置应符合设计要求。

六、填充墙砌体工程施工

在框架结构的建筑中，墙体一般只起围护与分隔的作用，常用体轻、保温性能好的烧结空心砖或小型空心砌块砌筑，其施工方法与施工工艺与一般砌体施工有所不同，简述如下：

砌体和块体材料的品种、规格、强度等级必须符合图纸设计要求，规格尺寸应一致，质量等级必须符合标准要求，并应有出厂合格证明、试验报告单；蒸压加气混凝土砌块和轻骨料混凝土小型砌块砌筑时的产品龄期应超过 28 d。蒸压加气混凝土砌块和轻骨料混凝土小型砌块应符合《建筑放射性核素限量》的规定。

填充墙砌体应在主体结构及相关部分已施工完毕，并经有关部门验收合格后进行。砌筑前应认真熟悉图纸以及相关构造及材料要求，核实门窗洞口位置和尺寸，计算出窗台及过梁圈梁顶部标高并根据设计图纸及工程实际情况，编制出专项施工方案和施工技术交底。

填充墙砌体施工工艺及要求如下所述：

（一）基层清理

在砌筑砌体前应对墙基层进行清理，将基层上的浮浆灰尘清扫干净并浇水湿润。块材的湿润程度应符合规范及施工要求。

（二）施工放线

放出每一楼层的轴线，墙身控制线和门窗洞的位置线。在框架柱上弹出标高控制线以控制门窗上的标高及窗台高度。施工放线完成后，应经过验收合格后，方能进行墙体施工。

（三）墙体拉结钢筋

墙体拉结钢筋有多种留置方式，目前主要采用预埋钢板再焊接拉结筋、用膨胀螺栓固定先焊在铁板上的预留拉结筋以及采用植筋方式埋设拉结筋等方式。

采用焊接方式连接拉结筋，单面搭接焊的焊缝长度应≥ 10d，双面搭接焊的焊缝长度应≥ 5d。焊接不应有边、气孔等质量缺陷，并进行焊接质量检查验收。

采用植筋方式埋设拉结筋，埋设的拉结筋位置较为准确，操作简单不伤结构，但应通过抗拔试验。

（四）构造柱钢筋

在填充墙施工前应先将构造柱钢筋绑扎完毕，构造柱竖向钢筋与原结构上预留插孔的搭接绑扎长度应满足设施要求。

（五）立皮数杆、排砖

在皮数杆上框柱、墙上排出砌块的皮数及灰缝厚度，并标出窗、洞及墙梁等构造标高。

根据要砌筑的墙体长度、高度试排砖，摆出门、窗及孔洞的位置。

外墙壁第一波砖摇底时，横墙应排丁砖，梁及梁垫的下面一皮砖、窗台等阶水平面上一皮应用丁砖砌筑

（六）填充墙砌筑

1. 拌制砂浆

砂浆配合比应用重量比，计量精度为：水泥 ±2%，砂及掺合料 ±5%，砂应计入其含水量对配料的影响。

宜用机械搅拌，投料顺序为砂→水泥→掺合料→水，搅拌时间不少于 2

min。

砂浆应随拌随用，水泥或水泥混合砂浆一般在拌和后 3 ~ 4h 内用完，气温在 30℃以上时，应在 2 ~ 3h 内用完。

2. 砖或砌块

应提前 1 ~ 2d 浇水湿润；湿润程度以达到水浸润砖体深度 15mm 为宜，含水率为 10% ~ 15%。不宜在砌筑时临时浇水，严禁干砖上墙，严禁在砌筑后向墙体洒水。蒸压加气混凝土砌块因含水率大于 35%，只能在砌筑时洒水湿润。

3. 砌筑墙体

砌筑蒸压加气混凝土砌块和轻骨料混凝土小型空心砌块填充墙时，墙底部应砌 200 mm 高的烧结构普通砖、多孔砖或普通混凝土空心砌块或浇筑 200 mm 高的混凝土坎台，混凝土强度等级宜为 C20。

填充墙砌筑必须内外搭接、上下错缝、灰缝平直、砂浆饱满。操作过程中要经常进行自检，如有偏差，应随时纠正，严禁事后采用撞砖纠正。

填充墙砌筑时，除构造柱的部位外，墙体的转角处和交接处应同时砌筑，严禁无可靠措施的内外墙分砌施工。

填充墙砌体的灰缝厚度和宽度应正确。空心砖、轻骨料混凝土小型空心砌块的砌体灰缝应为 8 ~ 12 mm，蒸压加气混凝土砌块砌体的水平灰缝厚度、竖向灰缝宽度分别为 15 mm 和 20 mm。

墙体一般不留槎，如必须留置临时间断处，应砌成斜槎，斜槎长度不应小于高度的 2/3；施工时不能留成斜槎时，除转角处外，可于墙中引出直凸槎（抗震设防地区不得留直槎）。直槎墙体每间隔高度应在灰缝中加设拉结钢筋，拉结筋数量按 20 mm 墙厚放一根钢筋，埋入长度从墙的留槎处算起，两边均不应小于 500 mm，末端应有 90° 弯钩；拉结筋不得穿过烟道和通气管。

砌体接槎时，必须将接槎处的表面清理干净，浇水湿润，并应填实砂浆，保持灰缝平直。

木砖预埋：木砖经防腐处理，木纹应与钉子垂直，埋设数量按洞口高度确定；洞门高度≤ 2m，每边放 2 块，高度在 2 ~ 3m 时，每边放 3 ~ 4 块。预埋木砖部位一般在洞门上下四皮砖处开始，中间均匀分布或按设计预埋。

设计墙体上有预埋、预留的构造，应随砌随留、随复核，确保位置正确构造合理。不得在已砌筑好的墙体中打洞；墙体砌筑中，不得搁置脚手架。

凡穿过砌块的水管，都应严格防止渗水、漏水。在墙体内敷设暗管时，只能垂直埋设，不得水平开槽，敷设应在墙体砂浆达到强度后进行。混凝土空心砌块预埋管应提前专门做有预埋槽的砌块，不得墙上开槽。

加气混凝土砌块切锯时应用专用工具，不得用斧子或瓦刀任意砍劈，洞口两侧应选用规则整齐的砌块砌筑。

（七）构造柱、圈梁

有抗震要求的砌体填充墙按设计要求应设置构造柱、圈梁，构造柱的宽度由设计确定，厚度一般与墙壁等厚，圈梁宽度与墙等宽，高度不应小于120mm。圈梁、构造柱的插筋宜优先预埋在结构混凝土构件中或后植筋，预留长度应符合设计要求，构造柱施工时应按要求留设马牙槎，马牙槎宜先退后进，进退尺寸不小于60 mm，高度不宜超过300 mm。当设计无要求时，构造柱应设置在填充墙的转角处、丁形交接处或端部；当墙长大于5 m时，应间隔设置。圈梁宜设在填充墙高度中部。

支设构造柱、圈梁模板时，宜采用对拉栓式夹具，为了防止模板与砖墙接缝处漏浆，宜用双面胶条黏结，构造柱模板根部应留垃圾清扫孔。

在浇灌构造柱、圈梁混凝土前，必须向柱或梁内砌体和模板浇水湿润，并将模板内的落地灰清除干净，先注入适量水泥砂浆，再浇灌混凝土。振捣时，振捣器应避免触碰墙体，严禁通过墙体传振。

第四章 混凝土结构工程

第一节 模板工程

模板工程的施工工艺包括模板的选材、选型、设计、制作、安装、拆除和周转等过程。模板工程是钢筋混凝土结构工程施工的重要组成部分，特别是在现浇钢筋混凝土结构工程施工中占有突出的地位，将直接影响到施工方法和施工机械的选择，对施工工期和工程造价也有一定的影响。

模板的材料宜选用钢材、胶合板、塑料等；模板支架的材料宜选用钢材等。当采用木材时，其树种可根据各地区实际情况选用，材质不宜低于Ⅲ等材。

一、模板的作用、要求和种类

模板系统包括模板、支架和紧固件三个部分。模板又称模型板，是新浇混凝土成型用的模型。

模板及其支架的要求：能保护工程结构和构件各部分形状尺寸及相互位置的正确；具有足够的承载能力、刚度和稳定性，能可靠地承受新浇混凝土的自重、侧压力及施工荷载；模板构造宜求简单，装拆方便，便于钢筋的绑扎、安装、混凝土浇筑及养护等要求，模板的接缝不应漏浆。

模板及其支架的分类：

按其所用的材料不同，分为木模板、钢模板、钢木模板、钢竹模板、胶合板模板、塑料模板、铝合金模板等。

按其结构的类型不同，分为基础模板、柱模板、楼板模板、墙模板、壳模板和烟囱模板等。

按其形式不同，分为整体式模板、定型模板、工具式模板、滑升模板、胎模等：

（一）木模板

木模板的特点是加工方便，能适应各种变化形状模板的需要，但周转率低，耗木材多。

如：节约木材，减少现场工作，木模板一般预先加工成拼板，然后在现场进行拼装，拼板由板条拼钉而成，板条厚度一般为 25 ~ 30 mm，其宽度不宜超过 700 mm（工具式模板不超过 150 mm），拼条间距一般为 400 ~ 500 mm，视混凝土的侧压力和板条厚度而定。

（二）基础模板

基础的特点是高度不大而体积较大，基础模板一般利用地基或基槽（坑）进行支撑。

安装时，要保证上下模板不发生相对位移，如为杯形基础，则还要在其中放入杯口模板。

（三）柱子模板

柱子的特点是断面尺寸不大但比较高。柱子模板由内拼板夹在两块外拼板之内组成，为利用短料，可利用短横板（门子板）代替外拼板钉在内拼板上。为承受混凝土的侧应力，在拼板外沿设柱箍，其间距与混凝土侧压力、拼板厚度有关，为 500 ~ 700 mm。柱模底部有钉在底部混凝土上的木框，用以固定柱模的位置。柱模顶部有与梁模连接的缺口，背部有清理孔，沿高度每 2 m 设浇筑孔，以便浇筑混凝土。对于独立柱模，其四周应加支撑，以免混凝土浇筑时产生倾斜。

安装过程及要求：梁模板安装时，应沿梁模板下方地面上铺垫板，在柱模板缺口处钉衬口档，把底板搁置在衬口档上；接着立起靠近柱或墙的顶撑，再将梁长度等分，立中间部分顶撑，顶撑底下打入木楔，并检查调整标高；然后把侧模板放上，两头钉于衬口档上，在侧板底外侧铺钉夹木，再钉上斜撑和水平拉条。有主次梁模板时，待主梁模板安装并校正后才能进行次梁模板安装。梁模板安装后，再拉中线检查、复核各梁模板中心线位置是否正确。

（四）梁、楼板模板

梁的特点是跨度大而宽度不大，梁底一般是架空的。楼板的特点是面积大而厚度比较薄，侧向压力小。

梁模板由底模和侧模、夹木及支架系统组成。底模承受垂直荷载，一般较厚。底模用长条木板加拼条拼成，或用整块板条。底摸下有支柱（顶撑）或桁架承托。为减少梁的变形，支柱的压缩变形或弹性挠变不超过结构跨度的 1/1 000。支柱底部应支承在坚实的地面或楼面上，以防下沉。为便于调整高度，宜用伸缩式顶撑或在支柱底部垫以木楔。多层建筑施工中，安装上层楼的楼板时，其下层楼板应达到足够的强度或设有足够的支柱。

梁跨度等于及大于 4 m 时，底模应起拱，起拱高度一般为梁跨度的 1/1 000 ~ 3/1 000。

梁侧模板承受混凝土侧压力，为防止侧向变形，底部应用夹紧条夹住，顶部可由支撑楼板模板的木阁栅顶住，或用斜撑支牢。

（五）楼梯模板

楼梯模板的构造与楼板相似，不同点是楼梯模板要倾斜支设，且要能形成踏步。踏步模板分为底板及梯步两部分。平台、平台梁的模板同前。

（六）定型组合钢模板

定型组合钢模板是一种工具式定型模板，由钢模板和配件组成，配件包括连接件和支承件。

钢模板通过各种连接件和支承件可组合成多种尺寸、结构和几何形状的模板，以适应各种类型建筑物的梁、柱、板、墙、基础和设备等施工的需要，也可用其拼装成大模板、滑模、隧道模和台模等。

施工时可在现场直接组装，亦可预拼装成大块模板或构件模板用起重机吊运安装。

定型组合钢模板组装灵活，通用性强，拆装方便；每套钢模可重复使用 50 ~ 100 次；加工精度高，浇筑混凝土的质量好，成型后的混凝土尺寸准确，棱角整齐，表面光滑，可以节省装修用工。

1. 钢模板

钢模板包括平面模板、阴角模板、阳角模板和连接角模。

钢模板采用模数制设计，宽度模数以 50mm 晋级，长度为 150mm 晋级，可以适应横竖拼装成以 50 mm 晋级的任何尺寸的模板。

（1）平面模板

平面模板用于基础、墙体、梁、板、柱等各种结构的平面部位，它由面板和肋组成，肋上设有U形卡孔和插销孔，利用U形卡和L形插销等拼装成大块板，规格分类长度有1 500 mm、1200 mm、900 mm、750 mm、600 mm、450 mm六种，宽度有300 mm、250 mm、150 mm、100 mm四种，高度为55 mm可互换组合拼装成以50 mm为模数的各种尺寸。

（2）阴角模板

阴角模板用于混凝土构件阴角，如：内墙角、水池内角及梁板交接处阴角等，宽度阴角膜有150 mm × 150 mm、100 mm × 150 mm两种。

（3）阳角模板

阳角模板主要用于混凝土构件阳角，宽度阳角膜有100 mm × 100 mm，50 mm × 50 mm两种。

（4）连接角模

角模用于平模板作垂直连接构成阳角，宽度连接角膜有50 mm × 50mm一种。

2. 连接件

定型组合钢模板的连接件包括U形卡、L形插销、钩头螺栓、紧固螺栓、对拉螺栓和扣件等，可用12的3号圆钢自制。

U形卡：模板的主要连接件，用于相邻模板的拼装。

L形插销：用于插入两块模板纵向连接处的插销孔内，以增强模板纵向接头处的刚度。

钩头螺栓：连接模板与支撑系统的连接件。

紧固螺栓：用于内、外钢楞之间的连接件。

对拉螺栓：又称穿墙螺栓，用于连接墙壁两侧模板，保持墙壁厚度，承受混凝土侧压力及水平荷载，使模板不致变形。

扣件：扣件用于钢楞之间或钢楞与模板之间的扣紧，按钢楞的不同形状，分别采用蝶形扣件和“3”形扣件。

3. 支承件

定型组合钢模板的支承件包括钢楞、柱箍、支架、斜撑及钢桁架等。

（1）钢楞

钢楞即模板的横档和竖档，分内钢楞与外钢楞。

内钢楞配置方向一般应与钢模板垂直，直接承受钢模板传来的荷载，其间距一般为 700–900 mm。

钢楞一般用圆钢管、矩形钢管、槽钢或内卷边槽钢，而圆钢管用得较多。

（2）柱箍

柱模板四角设角钢柱箍。角钢柱箍由两根互相焊成直角的角钢组成，用弯角螺栓及螺母拉紧。

（3）钢支架

它由内外两节钢管制成，其高低调节距模数为 100mm；支架底部除垫板外，均用木楔调整标高，以利于拆卸。

另一种钢管支架本身装有调节螺杆，能调节一个孔距的高度，使用方便，但成本略高。

当荷载较大、单根支架承载力不足时，可用组合钢支架或钢管井架。还可用扣件式钢管脚手架、门形脚手架作支架。

（4）斜撑

由组合钢模板拼成的整片墙模或柱模，在吊装就位后，应由斜撑调整和固定其垂直位置。

二、模板的安装与拆除

（一）模板的安装

模板及其支架在安装过程中，必须设置防倾覆的临时固定设施。对现浇多层房屋和构筑物应采取分层分段支模的方法。对现浇结构模板安装的允许偏差应符合规定；对预制构件模板安装的允许偏差应符合规定。固定在模板上的预埋件和预留孔洞均不得遗漏，安装必须牢固，位置准确，其允许偏差应符合规定。

（二）模板的拆除

模板拆除取决于混凝土的强度、模板的用途、结构的性质、混凝土硬化时的温度及养护条件等。及时拆模可以提高模板的周转率；拆模过早会因混凝土的强度不足，在自重或外力作用大而产生变形甚至裂缝，造成质量事故。因此，合理地拆除模板对提高施工的技术经济效果至关重要。

1. 拆模的要求

对于现浇混凝土结构工程施工时，模板和支架拆除应符合下列规定：

第一，侧模，在混凝土强度能保护其表面及棱角不因拆除模板而受损坏后，方可拆除。

第二，底模，混凝土强度符合规定，方可拆除。

对预制构件模板拆除时的混凝土强度，应符合设计要求。当设计无具体要求时，应符合下列规定：

第一，侧模，在混凝土强度能保证构件不变形、棱角完整时，才允许拆除侧模。

第二，芯模或预留孔洞的内模，在混凝土强度能保证构件和孔洞表面不发生坍陷和裂缝后，方可拆除。

第三，底模，当构件跨度不大于 4 m 时，在混凝土强度符合设计的混凝土强度标准值的 50% 的要求后，方可拆除；当构件跨度大于 4m 时，在混凝土强度符合设计的混凝土强度标准值的 75% 的要求后，方可拆模。“设计的混凝土强度标准值”是指与设计混凝土等级相应的混凝土立方抗压强度标准值。

已拆除模板及其支架后的结构，只有当混凝土强度符合设计混凝土强度等级的要求时，才允许承受全部荷载；当施工荷载产生的效应比使用荷载的效应更为不利时，对结构必须经过核算，才能保证其安全可靠性或经加设临时支撑加固处理后，才允许继续施工。拆除后的模板应进行清理、涂刷隔离剂，分类堆放，以便使用。

2. 拆模的顺序

一般是先支后拆，后支先拆，先拆除侧模板，后拆除底模板。对于肋形楼板的拆模顺序，首先拆除柱模板，然后拆除楼板底模板、梁侧模板，最后拆除梁底模板。

多层楼板模板支架的拆除，应按下列要求进行：

上层楼板正在浇筑混凝土时，下一层楼板的模板支架不得拆除，再下一层楼板模板的支架仅可拆除一部分。

跨度≥ 4m 的梁均应保留支架，其间距不得大于 3 m。

3. 拆模的注意事项

模板拆除时，不应对楼层形成冲击荷载。

拆除的模板和支架宜分散堆放并及时清运。

拆模时应尽量避免混凝土表面或模板受到损坏。

拆下的模板应及时加以清理、修理，按尺寸和种类分别堆放，以便下次使用。

若定型组合钢模板背面油漆脱落，应补刷防锈漆。

已拆除模板及支架的结构，应在混凝土达到设计的混凝土强度标准后，才允许承受全部使用荷载。

当承受施工荷载产生的效应比使用荷载更为不利时，必须经过核算，并加设临时支撑。

第二节 钢筋工程

一、钢筋的分类

钢筋混凝土结构所用的钢筋按生产工艺分为：热轧钢筋、冷拉钢筋、冷拔钢筋、冷轧钢筋、热处理钢筋、碳素钢丝、刻痕钢丝和钢绞线等。按轧制外形分为：光圆钢筋和变形钢筋（月牙形、螺旋形、人字形钢筋）；按钢筋直径大小分为：钢丝（直径 3 ~ 5 mm）、细钢筋（直径 6 ~ 10 mm），中粗钢筋（直径 12 ~ 20 mm）和粗钢筋（直径大于 20 mm）。

钢筋出厂应附有出厂合格证明书或技术性能及试验报告证书。

钢筋运至现场在使用前，需要经过加工处理。钢筋加工处理的主要工序有冷拉、冷拔、除锈、调直、下料、剪切、绑扎及焊（连）接等。

二、钢筋的验收和存放

钢筋混凝土结构和预应力混凝土结构的钢筋应按下列规定选用：

普通钢筋即用于钢筋混凝土结构中的钢筋及预应力混凝土结构中的非预应力钢筋，宜采用 HRB400 和 HRB335，也可采用 HPB235 和 RRB400 钢筋；预应力钢筋宜采用预应力钢绞线、钢丝，也可采用热处理钢筋。钢筋混凝土工程中所用的钢筋均应进行现场检查验收，合格后方能入库存放、待用。

（一）钢筋的验收

钢筋进场时，应按现行国家标准的规定抽取试件做力学性能检验，其质量必须符合有关标准的规定。

验收内容：核对标牌，检查外观，并按有关标准的规定抽取试样进行力学性能试验。

钢筋的外观检查包括：钢筋应平直、无损伤，表面不得有裂纹、油污、颗粒状或片状锈蚀。钢筋表面凸块不允许超过螺纹的高度；钢筋的外形尺寸应符合有关规定。

做力学性能试验时，从每批中任意抽出两根钢筋，每根钢筋上取两个试样分别进行拉力试验（测定其屈服点、抗拉强度、伸长率）和冷弯试验。

（二）钢筋的存放

钢筋运至现场后，必须严格按批分等级、牌号、直径、长度等挂牌存放，并注明数量，不得混淆。

应堆放整齐，避免锈蚀和污染，堆放钢筋的下面要加垫木，离地一定距离，一般为 20 cm；有条件时，尽量堆入仓库或料棚内。

三、钢筋的冷拉和冷拔

（一）钢筋的冷拉

钢筋冷拉：在常温下对钢筋进行强力拉伸，以超过钢筋的屈服强度的拉应力，使钢筋产生塑性变形，达到调直钢筋、提高强度的目的。

1. 冷拉原理

冷拉后钢筋有内应力存在，内应力会促进钢筋内的晶体组织调整，使屈服强度进一步提高。

2. 冷拉控制

钢筋冷拉控制可以用控制冷拉应力或冷拉率的方法。冷拉后检查钢筋的冷拉率，如超过表中规定的数值，则应进行钢筋力学性能试验。用作预应力混凝土结构的预应力筋，宜采用冷拉应力来控制。

对同炉批钢筋，试件不宜少于 4 个，每个试件都按规定的冷拉应力值在万能试验机上测定相应的冷拉率，取平均值作为该炉批钢筋的实际冷拉率。不同炉批的钢筋不宜用控制冷拉率的方法进行钢筋冷拉。

3. 冷拉设备

冷拉设备由拉力设备、承力结构、测量设备和钢筋夹具等部分组成。

（二）钢筋的冷拔

钢筋冷拔是用强力将直径 6 ～ 8mm 的 I 级光圆钢筋在常温下通过特制的钨合金拔丝模，多次拉拔成比原钢筋直径小的钢丝，使钢筋产生塑性变形。

钢筋经过冷拔后，横向压缩、纵向拉伸，钢筋内部晶格产生滑移，抗拉强度标准值可提高50%-90%，但塑性降低，硬度提高。这种经冷拔加工的钢筋称为冷拔低碳钢丝。冷拔低碳钢丝分为甲级和乙级，甲级钢丝主要用作预应力混凝土构件的预应力筋，乙级钢丝用于焊接网和焊接骨架、架立筋、箍筋和构造钢筋。

1. 冷拔工艺

钢筋冷拔工艺过程为：轧头 – 剥壳 – 通过润滑剂 – 进入拔丝模。轧头在钢筋轧头机上进行，将钢筋端轧细，以便通过拔丝模孔。剥壳是通过3 ~ 6个上下排列地碾子，除去钢筋表面坚硬的氧化铁渣壳。润滑剂常用石灰、动植物油肥皂、白蜡和水按比例制成。

2. 影响冷拔质量的因素

影响冷拔质量的主要因素为原材料的质量和冷拔点的总压缩率。

为保证冷拔钢丝的质量，甲级钢丝采用符合I级热轧钢筋标准的圆盘条拔制。冷拔总压缩率是指由盘条拔至成品钢丝的横截面缩减率。总压缩率越大，则抗拉强度提高越高，但塑性降低也越多，因此必须控制总压缩率。

四、钢筋配料

钢筋配料就是根据配筋图计算构件各钢筋的下料长度、根数及质量编制钢筋配料单，作为备料、加工和结算的依据。

（一）钢筋配料单的编制

熟悉图纸编制钢筋配料单之前必须熟悉图纸，把结构施工图中钢筋的品种、规格列成钢筋明细表，并读出钢筋设计尺寸。

计算钢筋的下料长度。

填写和编写钢筋配料单。根据钢筋下料长度，汇总编制钢筋配料单。在配料单中，要反映出工程名称、钢筋编号、钢筋简图和尺寸、钢筋直径、数量、下料长度、质量等。

填写钢筋料牌根据钢筋配料单，将每一编号的钢筋制作一块料牌，作为钢筋加工的依据。

（二）钢筋下料长度的计算原则及规定

1. 钢筋长度

钢筋下料长度与钢筋图中的尺寸是不同的。钢筋图中注明的尺寸是钢筋的外包尺寸，外包尺寸大于轴线长度，但钢筋经弯曲成型后，其轴线长度并无变化。因此钢筋应按轴线长度下料，否则钢筋长度大于要求长度将导致保护层不够，或钢筋尺寸大于模板净空，既影响施工又造成浪费。在直线段，钢筋的外包尺寸与轴线长度并无差别；在弯曲处，钢筋外包尺寸与轴线长度间存在一个差值，称之为量度差。故钢筋下料长度应为各段外包尺寸之和减去量度差，再加上端部弯钩尺寸（称末端弯钩增长值）。

2. 混凝土保护层厚度

混凝土保护层是指受力钢筋外缘至混凝土构件表面的距离，其作用是保护钢筋在混凝土结构中不受锈蚀。

混凝土的保护层厚度，一般用水泥砂浆垫块或塑料卡垫在钢筋与模板之间来控制。塑料卡的形状有塑料垫块和塑料环圈两种。塑料垫块用于水平构件，塑料环圈用于垂直构件。

综上所述，钢筋下料长度计算总结为：

直钢筋下料长度 = 直构件长度 − 保护层厚度 + 弯钩增加长度

弯起钢筋下料长度 = 直段长度 + 斜段长度 − 弯折量度差值 + 弯钩增加长度

箍筋下料长度 = 直段长度 + 弯钩增加长度 − 弯折量度差值

或箍筋下料长度 = 箍筋周长 + 箍筋调整值

（三）钢筋下料计算注意事项

在设计图纸中，钢筋配置的细节问题没有注明时，一般按构造要求处理。

配料计算时，要考虑钢筋的形状和尺寸，在满足设计要求的前提下，要有利于加工。

配料时，还要考虑施工需要的附加钢筋。

五、钢筋代换

（一）代换原则及方法

当施工中遇到钢筋品种或规格与设计要求不符时，可参照以下原则进行钢筋代换：

1. 等强度代换方法

当构件配筋受强度控制时，可按代换前后强度相等的原则代换，称作“等强度代换”。

2. 等面积代换方法

当构件按最小配筋率配筋时，可按代换前后面积相等的原则进行代换，称“等面积代换”。

3. 裂缝宽度或挠度验算

当构件配筋受裂缝宽度或挠度控制时，代换后应进行裂缝宽度或挠度验算。

（二）代换注意事项

钢筋代换时，应办理设计变更文件，并应符合下列规定：

重要受力构件（如吊车梁、薄腹梁、桁架下弦等）不宜用 HPB300 钢筋代换变形钢筋，以免裂缝开展过大。

钢筋代换后，应满足混凝土结构设计规范中所规定的钢筋间距、锚固长度、最小钢筋直径、根数等配筋构造的要求。

梁纵向受力钢筋与弯起钢筋应分别代换，以保证正截面与斜截面的强度。

有抗震要求的梁、柱和框架，不宜以强度等级较高的钢筋代换原设计中的钢筋；如必须代换时，其代换的钢筋检验所得的实际强度，尚应符合抗震钢筋的要求。

预制构件的吊环必须采用未经冷拉的 HPB300 钢筋制作，严禁以其他钢筋代换。

当构件受裂缝宽度或挠度控制时，钢筋代换后应进行刚度、裂缝验算。

六、钢筋的绑扎与机械连接

钢筋的连接方式可分为两类：绑扎连接、焊接或机械连接。

纵向受力钢筋的连接方式应符合设计要求。

机械连接接头和焊接连接接头的类型及质量应符合国家标准的规定。

（一）钢筋绑扎连接

钢筋绑扎安装前，应先熟悉施工图纸，核对钢筋配料单和料牌，研究钢筋安装和与有关工种配合的顺序，准备绑扎用的铁丝、绑扎工具、绑扎架等。钢筋绑扎一般用 18 ~ 22 号铁丝，其中 22 号铁丝只用于绑扎直径 12 mm 以下的钢筋。

1. 钢筋绑扎要求

钢筋的交叉点应用铁丝扎牢。柱、梁的箍筋除设计有特殊要求外，应与受力钢筋垂直；箍筋弯钩叠合处应沿受力钢筋方向错开设置。柱中竖向钢筋搭接时，角部钢筋的弯钩平面与模板面的夹角，矩形柱应为45°，多边形柱应为模板内角的平分角。

板、次梁与主梁交叉处，板的钢筋在上，次梁的钢筋居中，主梁的钢筋在下；当有圈梁或垫梁时，主梁的钢筋应放在圈梁上。主筋两端的搁置长度应保持均匀一致。

2. 钢筋绑扎接头

同一构件中相邻纵向受力钢筋的绑扎搭接接头宜相互错开。

（二）钢筋机械连接

1. 套筒挤压连接

套筒挤压连接是把两根待接钢筋的端头先插入一个优质钢套管，然后用挤压机在侧向加压数道，套筒塑性变形后即与带肋钢筋紧密咬合达到连接的目的。

2. 锥螺纹连接

锥螺纹连接是用锥形纹套筒将两根钢筋端头对接在一起，利用螺纹的机械咬合力传递拉力或压力。所用的设备主要是套丝机，通常安放在现场对钢筋端头进行套丝。

3. 直螺纹连接

直螺纹连接是近年来开发的一种新的螺纹连接方式。它先把钢筋端部撤粗，然后再切削直螺纹，最后用套筒实行钢筋对接。

（1）等强直螺纹接头的制作工艺及其优点

等强直螺纹接头制作工艺分下列几个步骤：钢筋端部锹粗；切削直螺纹；用连接套筒对接钢筋。

直螺纹接头的优点：强度高；接头强度不受扭紧力矩的影响；连接速度快；应用范围广；经济且便于管理。

（2）接头性能

为充分发挥钢筋母材的强度，连接套筒的设计强度应大于等于钢筋抗拉强度标准值的1.2倍，直螺纹接头标准套筒的规格、尺寸应符合相关规定。

（3）接头类型

根据不同应用场合，接头可分为 6 种类型。

标准型：正常情况下连接钢筋。

加长型：用于转动钢筋困难的场合，通过转动套筒连接钢筋。

扩口型：用于钢筋较难对中的场台。

异径型：用于连接不同直径的钢筋。

正反丝扣型：用于两端钢筋均不能转动而要求调节轴向长度的场合。

加锁母型：用于钢筋完全不能转动，通过转动套筒连接钢筋，用锁母锁定套筒。

4. 钢筋机械连接接头质量检查与验收

工程中应用钢筋机械连接时，应由该技术提供单位提交有效的检验报告。钢筋连接工程开始前及施工过程中，应对每批进场钢筋进行接头工艺检验，工艺检验应符合设计图纸或规范要求。现场检验应进行外观质量检查和单向拉伸试验。接头的现场检验应按验收批进行。对接头的每一验收批，必须在工程结构中随机截取 3 个试件作单向拉伸试验，按设计要求的接头性能等级进行检验与评定。在现场连续检验 10 个验收批。外观质量检验的质量要求、抽样数量、检验方法及合格标准由各类型接头的技术规程确定。

七、钢筋的焊接

钢筋常用的焊接方法有闪光对焊、电弧焊、电渣压力焊、埋弧压力焊和气压焊等。

钢筋焊接接头质量检查与验收应满足下列规定：

钢筋焊接接头或焊接制品（焊接骨架、焊接网）应按规定施行质量检查与验收。

钢筋焊接接头或焊接制品应分批进行质量检查与验收。质量检查应包括外观检查和力学性能试验。

外观检查首先应由焊工对所焊接头或制品进行自检，然后再由质量检查人员进行检验。

力学性能试验应在外观检查合格后随机抽取试件进行试验。

钢筋焊接接头或焊接制品质量检验报告单中应包括下列内容：

工程名称、取样部位；

批号、批量；

钢筋级别、规格；

力学性能试验结果；

施工单位。

（一）闪光对焊

根据钢筋级别、直径和所用焊机的功率，闪光对焊工艺可分为连续闪光焊、预热闪光焊、闪光—预热—闪光焊三种。

1. 连续闪光焊

连续闪光焊的工艺过程包括连续闪光和顶锻过程。施焊时，闭合电源使两钢筋端面轻微接触，此时端面接触点很快熔化并产生金属蒸气飞溅，形成闪光现象；接着徐徐移动钢筋，形成连续闪光过程，同时接头被加热；待接头烧平、闪去杂质和氧化膜、白热熔化时，立即施加轴向压力迅速进行顶锻，使两根钢筋焊牢。

连续闪光焊宜用于焊接直径 25 mm 以内的 HPB300、HRB335 和 HRB400 钢筋。

2. 预热闪光焊

预热闪光焊的工艺过程包括预热、连续闪光及顶锻过程，即在连续闪光焊前增加了一次预热过程，使钢筋预热后再连续闪光烧化进行加压顶锻。

预热闪光焊适宜焊接直径大于 25 mm 且端部较平坦的钢筋。

3. 闪光—预热—闪光焊

即在预热闪光焊前面增加了一次闪光过程，使不平整的钢筋端面烧化平整、预热均匀，最后进行加压顶锻。它适宜焊接直径大于 25 mm，且端部不平整的钢筋。

闪光对焊接头的质量检验，应分批进行外观检查和力学性能试验，并应按下列规定抽取试件：

在同一台班内，由同一焊工完成的 300 个同级别、同直径钢筋焊接接头应作为一批。当同一台班内焊接的接头数量较少，可在一周之内累计计算；累计仍不足 300 个接头的，应按一批计算。

外观检查的接头数量，应从每批中抽查 10%，且不得少于 10 个。

力学性能试验时，应从每批接头中随机抽取 6 个试件，其中 3 个做拉伸试验，3 个做弯曲试验。

焊接等长的预应力钢筋（包括螺丝端杆与钢筋）时，可按生产时间等条件制作模拟试件。螺丝端杆接头可只做拉伸试验。

闪光对焊接头外观检查结果，应符合下列要求：

接头处不得有横向裂纹。

与电接触处的钢筋表面，HPB300、HRB335 和 HRB400 钢筋焊接时不得有明显烧伤，RRB400 钢筋焊接时不得有烧伤。

接头处的弯折角不得大于 4°。

接头处的轴线偏移，不得大于钢筋直径的 0.1 倍，且不得大于 2mm。

闪光对焊接头拉伸试验结果应符合下列要求：

3 个热轧钢筋接头试件的抗拉强度均不得小于该级别钢筋规定的抗拉强度；余热处理 HRB400 钢筋接头试件的抗拉强度均不得小于热轧 HRB400 钢筋规定的抗拉强度 570 MPa。

应至少有 2 个试件断于焊缝之外，并呈延性断裂。

预应力钢筋与螺丝端杆闪光对焊接头拉伸试验结果，3 个试件应全部断于焊缝之外，呈延性断裂。

模拟试件的试验结果不符合要求时，应从成品中再抽取试件进行复验，其数量和要求应与初始试验时相同。

闪光对焊接头弯曲试验时，应将受压面的金属毛刺和镦粗变形部分消除，且与母材的外表齐平。

（二）电弧焊

电弧焊是利用弧焊机使焊条与焊件之间产生高温电弧，使焊条和电弧燃烧范围内的焊件熔化，待其凝固便形成焊缝或接头。

电弧焊广泛用于钢筋接头与钢筋骨架焊接、装配式结构接头焊接、钢筋与钢板焊接及各种钢结构焊接。

弧焊机有直流与交流之分，常用的是交流弧焊机。

焊条的种类很多，根据钢材等级和焊接接头形式选择焊条，如：结 420、结 500 等。

焊接电流和焊条直径应根据钢筋级别、直径、接头形式和焊接位置进行选择。

钢筋电弧焊的接头形式有三种：搭接接头、帮条接头及坡口接头。

搭接接头的长度、帮条的长度、焊缝的宽度和高度，均应符合规范的规定。

电弧焊接头外观检查时，应在清渣后逐个进行目测或量测。

钢筋电弧焊接头外观检查结果，应符合下列要求；

焊缝表面应平整，不得有凹陷或焊瘤。

焊接接头区域不得有裂纹。

咬边深度、气孔、夹渣等缺陷允许值及接头尺寸的允许偏差。

坡口焊、熔槽帮条焊和窄间隙焊接头的焊缝余高不得大于 3 mm。

钢筋电弧焊接头拉伸试验结果应符合下列要求：

3 个热轧钢筋接头试件的抗拉强度均不小于该级别钢筋规定抗拉强度；

3 个接头试件均应断于焊缝之外，并应至少有 2 个试件呈延性断裂。

（三）电渣压力焊

电渣压力焊是利用电流通过渣池产生的电阻热将钢筋端部峪化，然后施加压力使钢筋焊合。

钢筋电渣压力焊分手工操作和自动控制两种。采用自动电渣压力焊时，主要设备是自动电渣焊机。

电渣压力焊的焊接参数为焊接电流、渣池电压和通电时间等，可根据钢筋直径选择。电渣压力焊的接头应按规范规定的方法检查外观质量和进行试样拉伸试验。

电渣压力焊接头应逐个进行外观检查。

电渣压力焊接头外观检查结果应符合下列要求：

四周焊包凸出钢筋表面的高度应大于或等于 4 mm。

钢筋与电极接触处，应无烧伤缺陷。

接头处的弯折角不得大于 4°。

接头处的轴线偏移不得大于钢筋直径的 0.1 倍，且不得大于 2 mm。

电渣压力焊拉头拉伸试验结果，3 个试件的抗拉强度均不得小于该级别钢筋规定的抗拉强度。

（四）埋弧压力焊

埋弧压力焊是利用焊剂层下的电弧，将两焊件相邻部位熔化，然后加压顶锻使两焊件焊合。具有焊后钢板变形小、抗拉强度高的特点。

（五）气压焊

钢筋气压焊是利用乙炔、氧气混合气体燃烧的高温火焰，加热钢筋结合端部，不待钢筋熔融使其高温下加压接合。

气压焊的设备包括供气装置、加热器、加压器和压接器等。

气压焊操作工艺：

施焊前，钢筋端头用切割机切齐，压接面应与钢筋轴线垂直，如稍有偏斜，两钢筋间距不得大于 3 mm。

钢筋切平后，端头周边用砂轮磨成小八字角，并将端头附近 50 ~ 100 mm 内钢筋表面上的铁锈、油渍和水泥清除干净。

施焊时，应先将钢筋固定于压接器上，并加以适当的压力使钢筋接触，然后将火钳火口对准钢筋接缝处，加热钢筋端部至 1 100℃ ~ 1 300℃，表面发深红色时，当即加压油泵，对钢筋施以 40 MPa 以上的压力。

八、钢筋的加工与安装

钢筋的加工有除锈、调直、下料剪切及弯曲成型。钢筋加工的形状、尺寸应符合设计要求。

（一）除锈

钢筋除锈一般可以通过以下两个途径：大量钢筋除锈可通过钢筋冷拉或钢筋调直机调直过程中完成。

少量的钢筋局部除锈可采用电动除锈机或人工用钢丝刷、沙盘以及喷砂和酸洗等方法进行。

（二）调直

钢筋调直宜采用机械方法，也可以采用冷拉。对局部曲折、弯曲或成盘的钢筋在使用前应加以调直。钢筋调直方法很多，常用的方法是使用卷扬机拉直和用调直机调直。

（三）切断

切断前，应将同规格钢筋长短搭配，统筹安排，一般先断长料，后断短料，以减少短头和损耗。

钢筋切断可用钢筋切断机或手动剪切器。

（四）弯曲成型

钢筋弯曲的顺序是画线、试弯、弯曲成型。

画线主要根据不同的弯曲角在钢筋上标出弯折的部位，以外包尺寸为依据，扣除弯曲量度差值。钢筋弯曲有人工弯曲和机械弯曲。

第三节 混凝土工程

混凝土工程包括配料、搅拌、运输、浇筑、振捣和养护等工序。各施工工序对混凝土工程质量都有很大的影响。因此，要使混凝土工程施工能保证结构具有设计的外形和尺寸，确保混凝土结构的强度、刚度、密实性、整体性及满足设计和施工的特殊要求，必须要严格保证混凝土工程每道工序的施工质量。

一、混凝土的原料

水泥进场时应对品种、级别、包装或散装仓号、出厂日期等进行检查。

当使用中对水泥质量有怀疑或水泥出厂超过 3 个月（快硬硅酸盐水泥超过 1 个月）时，应进行复验，并依据复验结果使用。

钢筋混凝土结构、预应力混凝土结构中，严禁使用含氯化物的水泥。

二、混凝土的施工配料

混凝土应按国家现行标准的有关规定，根据混凝土强度等级、耐久性和工作性等要求进行配合比设计。

施工配料时影响混凝土质量的因素主要有两方面：一是称量不准；二是未按砂、石骨料实际含水率的变化进行施工配合比的换算。

混凝土的配合比是在实验室根据混凝土的施工配制强度经过试配和调整而确定的，称为实验室配合比。

实验室配合比所用的砂、石都是不含水分的。而施工现场的砂、石一般都含有一定的水分，且砂、石含水率的大小会随当地气候条件不断发生变化。因此，为保证混凝土配合比的质量，在施工中应适当扣除使用砂、石的含水量，经调整后的配合比，称为施工配合比。

混凝土配合比时，混凝土的最大水泥用量不宜大于 550 kg/m³，且应保证混凝土的最大水灰比和最小水泥用量应符合表的规定。

配制泵送混凝土的配合比时，骨料最大粒径与输送管内径之比，对碎石不宜大于 1 ： 3，卵石不宜大于 1 ： 2.5。通过 0.315 mm 筛孔的砂不应少于 15%；砂率宜控制在 40% ~ 50%；最小水泥用量宜为 300 kg/m³；混凝土的坍落度宜为 80 ~ 180mm；混凝土内宜掺加适量的外加剂。泵送轻骨料混凝土的原材料选用及配合比，应由试验确定。

三、混凝土的搅拌

混凝土搅拌，是将水、水泥和粗细骨料进行均匀拌和及混合的过程。同时，通过搅拌还要使材料达到强化、塑化的作用。混凝土可采用机构搅拌和人工搅拌。搅拌机械分为自落式搅拌机和强制式搅拌机。

（一）混凝土搅拌机

混凝土搅拌机按搅拌原理分为自落式和强制式两类。

自落式搅拌机多用于搅拌塑性混凝土和低流动性混凝土，根据其构造的不同又分为若干种。

强制式搅拌机多用于搅拌干硬性混凝土和轻骨料混凝土，也可以搅拌低流动性混凝土。强制式搅拌机又分为立轴式和卧轴式两种。卧轴式有单轴、双轴之分，而立轴式又分为涡桨式和行星式。

（二）混凝土搅拌

1. 搅拌时间

混凝土的搅拌时间：从砂、石、水泥和水等全部材料投入搅拌筒起，到开始卸料为止所经历的时间。

搅拌时间与混凝土的搅拌质量密切相关，随搅拌机类型和混凝土的和易性不同而变化。在一定范围内，随搅拌时间的延长，强度会有所提高，但过长时间的搅拌既不经济，而且混凝土的和易性又将降低，影响混凝土质量。

加气混凝土还会因搅拌时间过长而使含气量下降。

2. 投料顺序

投料顺序应从提高搅拌质量，减少叶片、衬板的磨损，减少拌和物与搅拌筒的黏结，减少水泥飞扬，改善工作环境，提高混凝土强度及节约水泥等方面综合考虑确定。常用一次投料法和二次投料法。

一次投料法是在上料斗中先装石子，再加水泥和砂，然后一次投入搅拌筒中进行搅拌。

自落式搅拌机要在搅拌筒内先加部分水，投料时砂压住水泥，使水泥不飞扬，而且水泥和砂先进搅拌筒形成水泥砂浆，可以缩短水泥包裹石子的时间。

强制式搅拌机出料口在下部，不能先加水，应在投入原材料的同时，缓慢均匀分散地加水。

二次投料法是先向搅拌机内投入水和水泥（和砂），待其搅拌 1 min 后再投入石子和砂继续搅拌到规定时间。这种投料方法能改善混凝土性能，提高混凝土的强度，在保证规定的混凝土强度的前提下节约了水泥。

目前常用的方法有两种：预拌水泥砂浆法和预拌水泥净浆法。

预拌水泥砂浆法是指先将水泥、砂和水加入搅拌筒内进行充分搅拌，成为均匀的水泥砂浆后，再加入石子搅拌成均匀的混凝土。

预拌水泥净浆法是先将水泥和水充分搅拌成均匀的水泥净浆后，再加入砂和石子搅拌成混凝土。

与一次投料法相比，二次投料法可使混凝土强度提高 10% ~ 15%，节约水泥量 15% ~ 20%。水泥裹砂石法混凝土搅拌工艺，用这种方法拌制的混凝土称为造壳混凝土（简称 SEC 混凝土）。

它是分两次加水，两次搅拌。

先将全部砂、石子和部分水倒入搅拌机拌和，使骨料湿润，称之为造壳搅拌。

搅拌时间以 45 ~ 75 s 为宜，再倒入全部水泥搅拌 20 s，加入拌和水和外加剂进行第二次搅拌，60s 左右完成，这种搅拌工艺称为水泥裹砂法。

3. 进料容量

进料容量是将搅拌前各种材料的体积累积起来的容量，又称干料容量。

进料容量与搅拌机搅拌筒的几何容量有一定的比例关系。进料容量约为出料容量的 1.4 ~ 1.8 倍（通常取 1.5 倍），如任意超载（超载 10%），就会使材料在搅拌筒内无充分的空间进行拌和，影响混凝土的和易性。反之，装料过少，又不能充分发挥搅拌机的效能。

四、混凝土的运输

（一）混凝土运输的要求

运输中的全部时间不应超过混凝土的初凝时间。

运输中应保持匀质性，不应产生分层离析现象，不应漏浆；运至浇筑地点应具有规定坍落度，并保证混凝土在初凝前能有充分的时间进行浇筑。

混凝土的运输道路要求平坦，应以最少的运转次数、最短的时间从搅拌地点运至浇筑地点。

（二）运输工具的选择

混凝土运输分地面水平运输、垂直运输和楼面水平运输等三种。

地面运输时，短距离多用双轮手推车、机动翻斗车，长距离宜用自卸汽车、混凝土搅拌运输车。

垂直运输可采用各种井架、龙门架和塔式起重机作为垂直运输工具。对于浇筑量大、浇筑速度比较稳定的大型设备基础和高层建筑，宜采用混凝土泵，也可采用自升式塔式起重机或爬升式塔式起重机运输。

（三）泵送混凝土

混凝土用混凝土泵运输，通常称为泵送混凝土。常用的混凝土泵有液压柱塞泵和挤压泵两种。

1. 液压柱塞泵

它是利用柱塞的往复运动将混凝土吸入和排出。

混凝土输送管有直管、弯管、锥形管和浇筑软管等，一般由合金钢、橡胶、塑料等材料制成，常用混凝土输送管的管径为 100 ~ 150mm。

2. 泵送混凝土对原材料的要求

粗骨料：碎石最大粒径与输送管内径之比不宜大于 1 ∶ 3；卵石不宜大于 1 ∶ 2.5。

砂：以天然砂为宜，砂率宜控制在 40% ~ 50%，通过 0.315 mm 筛孔的砂不少于 15%。

水泥：最少水泥用量为 300 kg/ ㎡，坍落度宜为 80 ~ 180 mm，混凝土内宜适量掺入外加剂。泵送轻骨料混凝土的原材料选用及配合比应通过试验确定。

（四）泵送混凝土施工中应注意的问题

输送管的布置宜短直，尽量减少弯管数，转弯宜缓，管段接头要严密，少用锥形管。混凝土的供料应保证混凝土泵能连续工作，不间断；正确选择骨料级配，严格控制配合比。

泵送前，为减少泵送阻力，应先用适量与混凝土内成分相同的水泥浆或水泥砂浆润滑输送管内壁。泵送过程中，泵的受料斗内应充满混凝土，防止吸入空气形成阻塞。防止停歇时间过长，若停歇时间超过 45 min，应立即用压力或其他方法冲洗管内残留的混凝土；泵送结束后，要及时清洗泵体和管道；用混凝土泵浇筑的建筑物，要加强养护，防止龟裂。

五、混凝土的浇筑与振捣

（一）混凝土浇筑前的准备工作

混凝土浇筑前，应对模板、钢筋、支架和预埋件进行检查。检查模板的位置、标高、尺寸、强度和刚度是否符合要求，接缝是否严密，预埋件位置和数量是否符合图纸要求；检查钢筋的规格、数量、位置、接头和保护层厚度是否正确；清理模板上的垃圾和钢筋上的油污，浇水湿润木模板；填写隐蔽工程记录。

（二）混凝土的浇筑

1. 混凝土浇筑的一般规定

混凝土浇筑前不应发生离析或初凝现象，如已发生，必须重新搅拌。混凝土运至现场后，其坍落度应满足相关要求。

混凝土自高处倾落时，其自由倾落高度不宜超过 2 m；若混凝土自由下落高度超过 2 m，应设串筒、斜槽、溜管或振动溜管等。

混凝土的浇筑工作应尽可能连续进行。混凝土的浇筑应分段、分层连续进行，随浇随捣。

2. 施工缝的留设与处理

如果由于技术或施工组织上的原因，不能对混凝土结构一次连续浇筑完毕，而必须停歇较长的时间，其停歇时间已超过混凝土的初凝时间，致使混凝土已初凝；当继续浇混凝土时，形成了接缝，即为施工缝。

（1）施工缝的留设位置

施工缝设置的原则，一般宜留在结构受力（剪力）较小且便于施工的部位。

柱子的施工缝宜留在基础与柱子交接处的水平面上，或梁的下面，或吊车梁牛腿的下面、吊车梁的上面、无梁楼盖柱帽的下面。

高度大于 1 m 的钢筋混凝土梁的水平施工缝，应留在楼板底面下

20 ~ 30 mm 处，当板下有梁托时，留在梁托下部；单向平板的施工缝，可留在平行于短边的任何位置处；对于有主次梁的楼板结构，宜顺着次梁方向浇筑，施工缝应留在次梁跨度的中间 1/3 范围内。

（2）施工缝的处理

施工缝处继续浇筑混凝土时，应待混凝土的抗压强度不小于 1.2 MPa 方可进行。施工缝浇筑混凝土之前，应除去施工缝表面的水泥薄膜、松动石子和软弱的混凝土层，并加以充分湿润和冲洗干净，不得有积水。浇筑时，施工缝处宜先铺水泥浆（水泥：水 =1 ： 0.4），或与混凝土成分相同的水泥砂浆一层，厚度为 30 ~ 50 mm，以保证接缝的质量。浇筑过程中，施工缝应细致捣实，使其紧密结合。

3. 混凝土的浇筑方法

（1）多层钢筋混凝土框架结构的浇筑

浇筑框架结构首先要划分施工层和施工段，施工层一般按结构层划分，而每一施工层的施工段划分，则要考虑工序数量、技术要求、结构特点等。

混凝土的浇筑顺序：先浇捣柱子，在柱子浇捣完毕后停歇 1 ~ 1.5h，使混凝土达到一定强度后再浇捣梁和板。

（2）大体积钢筋混凝土结构的浇筑

大体积钢筋混凝土结构多为工业建筑中的设备基础及高层建筑中厚大的桩基承台或基础底板等。

特点是混凝土浇筑面和浇筑量大，整体性要求高，不能留施工缝，以及浇筑后水泥的水化热量大且聚集在构件内部，形成较大的内外温差，易造成混凝土表面产生收缩裂缝等。

为保证混凝土浇筑工作连续进行，不留施工缝，应在下一层混凝土初凝之前，将上一层混凝土浇筑完毕。

大体积钢筋混凝土结构的浇筑方案，一般分为全面分层、分段分层和斜面分层三种。

全面分层：在第一层浇筑完毕后，再回头浇筑第二层，如此逐层浇筑，直至完工为止。

分段分层：混凝土从底层开始浇筑，进行 2 ~ 3m 后再回头浇第二层，同样依次浇筑各层。

斜面分层：要求斜坡坡度不大于1/3，适用于结构长度大大超过厚度3倍的情况。

（三）混凝土的振捣

振捣方式分为人工振捣和机械振捣两种。

1. 人工振捣

利用捣锤或插钎等工具的冲击力来使混凝土密实成型，其效率低、效果差。

2. 机械振捣

将振动器的振动力传给混凝土，使之发生强迫振动而密实成型，其效率高、质量好。混凝土振动机械按其工作方式分为内部振动器、表面振动器、外部振动器和振动台等，振动器因离心力的作用而振动。

（1）内部振动器

内部振动器又称插入式振动器。适用于振捣梁、柱、墙等构件和大体积混凝土。

插入式振动器操作要点：

插入式振动器的振捣方法有两种：一是垂直振捣，即振动棒与混凝土表面垂直；二是斜向振捣，即振动棒与混凝土表面成40° ~ 45° 。

振捣器的操作要做到快插慢拔，插点要均匀，逐点移动、顺序进行，不得遗漏，达到均匀振实。振动棒的移动，可采用行列式或交错式。

混凝土分层浇筑时，应将振动棒上下来回抽动50 ~ 100 mm；同时，还应将振动棒深入下层混凝土中50 mm左右。

（2）表面振动器

表面振动器又称平板振动器，是将电动机轴上装有左右两个偏心块的振动器固定在一块平板上而成。其振动作用可直接传递于混凝土面层上。这种振动器适用于振捣楼板、空心板、地面和薄壳等薄壁结构。

（3）外部振动器

外部的振动器又称附着式振动器，它是直接安装在模板上进行振捣，利用偏心块旋转时产生的振动力通过模板传给混凝土，达到振实的目的。适用于振捣断面较小或钢筋较密的柱子、梁、板等构件。

（4）振动台

振动台一般在预制厂用于振实干硬性混凝土和轻骨料混凝土。宜采用加压振动的方法，加压力为 1 ~ 3kN/ ㎡。

六、混凝主的养护

混凝土的凝结硬化是水泥水化作用的结果，而水泥水化作用必须在适当的温度和湿度条件下才能进行。混凝土的养护，就是使混凝土具有一定的温度和湿度而逐渐硬化。混凝土养护分自然养护和人工养护。自然养护就是在常温（平均气温不低于 5℃）下用浇水或保水方法使混凝土在规定的期间内有适宜的温湿条件进行硬化。人工养护就是人工控制混凝土的温度和湿度，使混凝土强度增长，如：蒸汽养护、热水养护、太阳能养护等，现浇结构多采用自然养护。

混凝土自然养护是对已浇筑完毕的混凝土加以覆盖和浇水，并应符合下列规定：应在浇筑完毕后的 12 d 以内对混凝土加以覆盖和浇水；混凝土浇水养护的时间，对采用硅酸盐水泥、普通硅酸盐水泥或矿渣硅酸盐水泥拌制的混凝土，不得少于 7d，对掺用缓凝型外加剂或有抗渗性要求的混凝土，不得少于 14d；浇水次数应能保持混凝土处于湿润状态；混凝土的养护用水应与拌制用水相同。

对不易浇水养护的高耸结构、大面积混凝土或缺水地区，可在已凝结的混凝土表面喷涂塑性溶液，等溶液挥发后，形成塑性模，使混凝土与空气隔绝，阻止水分蒸发，以保证水化作用正常进行。

对地下建筑或基础，可在其表面涂刷沥青乳液，以防混凝土内水分蒸发。在已浇筑的混凝土强度达到 1.2 N/m ㎡后，方允许在其上往来人员，进行施工操作。

七、混凝土的质量检查与缺陷防治

（一）混凝土的质量检查

混凝土质量检查包括施工过程中的质量检查和养护后的质量检查。

1. 混凝土在拌制和浇筑过程中的质量检查

混凝土在拌制和浇筑过程中应按下列规定进行检查：

第一，检查拌制混凝土所用原材料的品种、规格和用量，每工作班至少两次。混凝土拌制时，原材料每盘称量的偏差不得超过允许偏差的规定。

第二，检查混凝土在浇筑地点的坍落度，每一工作班至少两次；当采用预拌混凝土时，应在商定的交货地点进行坍落度检查。实测坍落度与要求坍落度之间的允许偏差应符合要求。

第三，在每一个工作班内，当混凝土配合比由于外界影响有变动时，应及时检查调整。第四，混凝土的搅拌时间应随时检查其是否满足规定的最短搅拌时间要求。

2. 检查预拌混凝土厂家提供的技术资料

如果使用商品混凝土，应检查混凝土厂家提供的下列技术资料：

第一，水泥品种、标号及每立方米混凝土中的水泥用量。

第二，骨料的种类和最大粒径。

第三，外加剂、掺合料的品种及掺量。

第四，混凝土强度等级和坍落度。

第五，混凝土配合比和标准试件强度。

第六，对轻骨料混凝土尚应提供其密度等级。

3. 混凝土质量的试验检查

检查混凝土质量应进行抗压强度试验。对有抗冻、抗渗要求的混凝土，尚应进行抗冻性、抗渗性等试验。

用于检查结构构件混凝土质量的试件，应在混凝土的浇筑地点随机取样制作。试件的留置应符合下列规定：

第一，每拌制 100 盘且不超过 100m^3 的同配合比混凝土，取样不得少于一次。

第二，每工作班拌制的同配合比的混凝土不足 100 盘时，取样不得少于一次。

第三，对现浇混凝土结构，每一现浇楼层同配合比的混凝土取样不得少于一次；同一单位的工程每一验收项目中同配合比的混凝土取样不得少于一次。

混凝土取样时，均应作成标准试件（即边长为 150 mm 标准尺寸的立方体试件），每组三个试件应在同盘混凝土中取样制作，并在标准条件下［温度（20 ± 3）℃，相对湿度为 90% 以上］，养护至 28 d 龄期按标准试验方法，则得混凝土立方体抗压强度。取三个试件强度的平均值作为该组试件的混凝土强度代表值，或者当三个试件强度中的最大值或最小值之一与中间值之差超过中间值的15%时，取中间值作为该组试件的混凝土强度的代表值；当三个试件强度中的最大值和最小值与中间值之差均超过中间值的15%，该组试件不应作为强度评定的依据。

4. 现浇混凝土结构的允许偏差检查

现浇混凝土结构的允许偏差应符合规定；当有专门规定时，尚应符合相应的规定。

混凝土表面外观质量要求：不应有蜂窝、麻面、孔洞、露筋、缝隙及夹层、缺棱掉角和裂缝等。

（二）现浇湿混凝土结构质量缺陷产生原因

现浇结构的外观质量缺陷，应由监理（建设）单位、施工单位等各方根据其对结构性能和使用功能影响的严重程度。

混凝土质量缺陷产生的原因主要如下：

蜂窝：由于混凝土配合比不准确，浆少而石子多，或搅拌不均造成砂浆与石子分离，或浇筑方法不当，或振捣不足，以及模板严重漏浆。

麻面：模板表面粗糙不光滑，模板湿润不够，接缝不严密，振捣时发生漏浆。

露筋：浇筑时垫块位移，甚至漏放，钢筋紧贴模板，或者因混凝土保护层处漏振或振捣不密实而造成露筋。

孔洞：混凝土结构内存在空隙，砂浆严重分离，石子成堆，砂与水泥分离。另外，有泥块等杂物掺入也会形成孔洞。

缝隙和薄夹层：主要是混凝土内部处理不当的施工缝、温度缝和收缩缝，以及混凝土内有外来杂物而造成的夹层。

裂缝：构件制作时受到剧烈振动，混凝土浇筑后模板变形或沉陷，混凝土表面水分蒸发过快、养护不及时等，以及构件堆放、运输、吊装时位置不当或受到碰撞。

产生混凝土强度不足的原因是多方面的，主要是由于混凝土配合比设计、搅拌、现场浇捣和养护等四个方面的原因造成的。

配合比设计方面有时不能及时测定水泥的实际活性，影响了混凝土配合比设计的正确性；另外，套用混凝土配合比时选用不当及外加剂用量控制不准等，都有可能导致混凝土强度不足分离，或浇筑方法不当，或振捣不足，以及模板严重漏浆。

搅拌方面任意增加用水量，配合比称料不准，搅拌时颠倒加料顺序及搅拌时间过短等造成搅拌不均匀，导致混凝土强度降低。

现场浇捣方面主要是施工中振捣不实，以及发现混凝土有离析现象时，未能及时采取有效措施来纠正。

养护方面主要是不按规定的方法、时间对混凝土进行妥善的养护，以致造成混凝土强度降低。

（三）混凝土质量缺陷的防治与处理

1. 表面抹浆修补

对数量不多的小蜂窝、麻面、露筋、露石的混凝土表面，主要是保护钢筋和混凝土不受侵蚀，可用 1 ： 2 ~ 1 ： 2.5 的水泥砂浆抹面修整。

2. 细石混凝土填补

当蜂窝比较严重或露筋较深时，应取掉不密实的混凝土，用清水洗净并充分湿润后，再用比原强度等级高一级的细石混凝土填补并仔细捣实。

3. 水泥灌浆与化学灌浆

对于宽度大于 0.5 mm 的裂缝，宜采用水泥灌浆；对于宽度小于 0.5 mm 的裂缝，宜采用化学灌浆。

第五章 预应力混凝土工程施工技术

第一节 先张法

先张法是在浇筑混凝土之前，先张拉预应力钢筋，并将预应力筋临时固定在台座或钢模上，待混凝土达到一定强度（一般不低于混凝土设计强度标准值的75%），混凝土与预应力筋具有一定的黏结力时，放松预应力筋，使混凝土在预应力筋的反弹力作用下，使构件受拉区的混凝土承受预压应力。预应力筋的张拉力，主要是由预应力筋与混凝土之间的黏结力传递给混凝土。

先张法生产可采用台座法和机组流水法。台座法是构件在台座上生产，即预应力筋的张拉、固定、混凝土浇筑、养护和预应力筋的放松等工序均在台座上进行。采用机组流水法是利用钢模板作为固定预应力筋的承力架，构件连同模板通过固定的机组，按流水方式完成其生产过程。先张法适用于生产定型的中小型构件，如：空心板、屋面板、吊车梁、檩条等。先张法施工中常用的预应力筋有钢丝和钢筋两类。

一、台座

台座是先张法预张拉和临时固定预应力筋的支撑结构，它承受预应力筋的全部张拉力，因此要求台座具有足够的强度、刚度和稳定性，台座按构造形式分为：墩式台座和槽式台座。

（一）墩式台座

墩式台座由承力台墩、台面和横梁组成，目前常用的是现浇钢筋混凝土制成的由承力台墩与台面共同受力的台座。

台座的长度和宽度由场地大小、构件类型和产量而定，一般长度宜为

100 ~ 150 m，宽度为 2 ~ 4m，这样既可利用钢丝长的特点，张拉一次可生产多根（块）构件，又可以减少因钢丝滑动或台座横梁变形引起的预应力损失。

钢筋混凝土台墩绕台面。点倾覆，其埋深较小，当气温变化土质干缩时，土与台墩分离，土压力小而不稳定，故忽略土压力对点产生的平衡力矩。

台座强度验算时，支承横梁的牛腿，按柱子牛腿的计算方法计算其配筋；墩式台座与台面接触的外伸部分，接偏心受压构件计算；台面按轴心受压杆件计算；横梁按承受均布荷载其挠度不大于 1 mm。

台面一般是先夯铺一层碎石，后浇一层 60 ~ 100 mm 厚的混凝土。

（二）槽式台座

槽式台座是由端柱、传力柱和上、下横梁及砖墙组成的。端柱和传力柱是槽式台座的主要受力结构，采用钢筋混凝土结构。砖墙一般为一砖厚，起挡土作用，同时又是蒸汽养护的保温侧墙。

二、夹

夹具是预应力筋张拉和临时固定的锚固装置，用在先张法施工中。按其用途不同，可分为锚固夹具和张拉夹具。

（一）夹具的要求

夹具的静载锚固性能，应由预应力筋夹具组装件静载试验测定的央具效率系数确定。

夹具除满足上述要求外，尚应具有下列性能：

当预应力夹具组装件达到实际极限拉力时，全部零件不应出现肉眼可见的裂缝和破坏；

有良好的自锚性能；

有良好的松锚性能；

能多次重复使用。

（二）锚固夹具

1. 钢质锥形夹具

钢质锥形夹具主要用来锚固直径为 3 ~ 5 mm 的单根钢丝夹具。

2. 饿头夹具

傲头夹具适用于预应力钢丝固定端的锚固。

（三）张拉夹具

张拉夹具是将预应力筋与张拉机械连接起来进行预应力张拉的工具，常用的张拉夹具有月牙形夹具、偏心式夹具和楔形夹具等。

三、张拉设备

张拉设备要求工作可靠，控制应力准确，能以稳定的速率加大拉力。常用的张拉设备有油压千斤顶、卷扬机、电动螺杆张拉机等。

（一）油压千斤顶

油压千斤顶可用来张拉单根或多根成组的预应力筋。可直接从油压的读数求得张拉应力值。成组张拉时，由于拉力较大，一般用油压千斤顶张拉。

（二）电动螺杆张拉机

电动螺杆张拉机由螺杆、电动机、变速箱、测力计及顶杆等组成。可单根张拉预应力钢丝或钢筋。张拉时，顶杆支于台座横梁上，用张拉夬具夬紧钢筋后，开动电动机，由皮带、齿轮传动系统使螺杆作直线运动，从而张拉钢筋。这种张拉的特点是运行稳定，螺杆有自锁性能，故张拉机恒载性能好、速度快、张拉行程大。

四、混凝土的浇筑与养护

为了减少预应力损失，在设计配合比时应考虑减少混凝土的收缩和嬗变。应采用低水灰比控制水泥用量，采用良好的骨料级配并振捣密实。

振捣混凝土时，振动器不得碰撞预应力钢筋。混凝土未达到一定强度前也不允许碰撞和踩动预应力筋，以保证预应力筋与混凝土有良好黏结力。

预应力混凝土可采用自然养护和湿热养护。当采用湿热养护时应采取正确的养护制度，减少由于温差引起的预应力损失。在台座生产的构件采用湿热法养护时，由于温度升高后预应力筋膨胀而台座长度并无变化，因而预应力筋的应力减少。在这种情况下混凝土逐渐硬结，则在混凝土硬化前预应力筋由于温度升高而引起的应力降低将无法恢复，形成温差应力损失。因此，为了减少温差应力损失，应使混凝土达到一定强度（100 N/mm^2）前，将温度升高限制在一定范围内（一般不超过 20℃）。用机组流水法钢模制作预应力构件，因湿热养护时钢模与预应力筋同样伸缩，所以不存在因温差引起的预应力损失。

五、预应力筋的放张

（一）放张要求

放张预应力筋时，混凝土应达到设计要求的强度。如设计无要求时，应不得低于设计混凝土强度等级的75%。

放张预应力筋前应拆除构件的侧模使放张时构件能自由压缩，以免模板损坏或造成构件开裂。对有横肋的构件（如：大型屋面板），其横肋断面应有适宜的斜度，也可以采用活动模板，以免放张时构件端肋开裂

（二）放张方法

配筋不多的中小型构件，钢丝可用砂轮锯或切断机等方法放张。配筋多的钢筋混凝土构件，钢丝应同时放张，如逐根放张，最后几根钢丝将由于承受过大的拉力而突然断裂，使得构件端部容易开裂。

对钢丝、热处理钢筋不得用电弧切割，宜用砂轮锯或切断机切断。预应力钢筋数量较多时，可用千斤顶、砂箱、楔块等装置同时放张。

（三）放张顺序

预应力筋的放张顺序应满足设计要求，如设计无要求时应满足下列规定：对轴心受预压构件（如压杆、桩等）所有预应力筋应同时放张；对偏心受预压构件（如梁等）尤同时放张预压力较小区域的预应力筋，再同时放张预压力较大区域的预应力筋。

如不能按上述规定放张时，应分阶段、对称、相互交错地放张，以防止在放张过程中构件发生翘曲、裂纹及预应力筋断裂等现象。

第二节 后张法

后张法是先制作构件预留孔道，待构件混凝土强度达到设计规定的数值后，在孔道内穿入预应力筋进行张拉，并用锚具在构件端部将预应力筋锚固，最后进行孔道灌浆。预应力筋的张拉力主要是靠构件端部的锚具传递给混凝土，使混凝土产生预压应力。

一、锚具及张拉设备

（一）锚具的要求

锚具是预应力筋张拉和永久固定在预应力混凝土构件上的传递预应力

的工具。按锚固性能不同，可分为Ⅰ类锚具和Ⅱ类锚具。Ⅰ类锚具适用于承受动载、静载的预应力混凝土结构；Ⅱ类锚具仅适用于有黏结预应力混凝土结构，且锚具只能处于预应力筋应力变化不大的部位。

对于一般预应力混凝土结构工程使用的锚具，当预应力筋为钢丝、钢绞线或热处理钢筋时，预应力筋的效率系数应取0.97。

除满足上述要求，锚具尚应满足下列规定：

当预应力筋锚具组装件达到实测极限拉力时，除锚具设计允许的现象外，全部零件均不得出现肉眼可见的裂缝或破坏；除能满足分级张拉及补张拉工艺外，宜具有能放松预应力筋的性能；锚具或附件上宜设置灌浆孔道，灌浆孔道应有使浆液通畅的截面面积。

（二）锚具的种类

后张法所用锚具根据其锚固原理和构造形式不同，分为螺杆锚具、夹片锚具、锥销式锚具和傲头锚具四种体系；在预应力筋张拉过程中，根据锚具所在位置与作用不同，又可分为张拉端锚具和固定端锚具；预应力筋的种类有热处理钢筋束、消除应力钢筋束或钢绞线束、钢丝束。因此按锚具锚固钢筋或钢丝的数量，可分为单根粗钢筋锚具、钢丝锚具和钢筋束、钢绞线束锚具。

1. 单根粗钢筋锚具

（1）螺栓端杆锚具

螺栓端杆锚具由螺栓端杆、垫板和螺母组成，适用于锚固直径不大于36 mm的热处理筋。

螺栓端杆可用同类热处理钢筋或热处理45号钢制作。制作时，先粗加工至接近设计尺寸，再进行热处理，然后精加工至设计尺寸。热处理后不能有裂纹和伤痕，螺母可用3号钢制作。螺栓端杆锚具与预应力筋对焊，用张拉设备张拉螺栓端杆，然后用螺母锚固。

（2）帮条锚具

帮条锚具由一块方形衬板与三根帮条组成。衬板采用普通低碳钢板，帮条采用与预应力筋同类型的钢筋。帮条安装时，三根帮条与衬板相接触的截面应在一个垂直平面上，以免受力时产生扭曲。

帮条锚具一般用在单根粗钢筋作预应力筋的固定端。

2. 钢筋束、钢绞线束锚具

钢筋束和钢绞线束目前使用的锚具有 JM 型、KT-Z 型、XM 型、QM 型和锻头锚具等。

（1）JM 型锚具

JM 型锚具由锚环与夹片组成，夹片呈扇形，靠两侧的半圆槽锚固预应力钢筋。为增加夹片与预应力筋之间的摩擦力，在半圆槽内刻有截面为梯形的齿痕，夹片背面的坡度与锚环一致。锚环分甲型和乙型两种，甲型锚环为一个具有锥形内孔的圆柱体，外形比较简单，使用时直接放置在构件端部的垫板上。乙型锚环在圆柱体外部增添正方形肋板，使用时锚环预埋在构件端部不另设垫板锚环和夹片均用 45 号钢制造，甲型锚环和夹片必须经过热处理，乙型锚环可不必进行热处理。

JM 型锚具可用于锚固 3 ~ 6 根直径为 12 mm 的光圆或螺纹钢筋束。也可以用于锚固 5 ~ 6 根 12 mm 的钢绞线束。它可以作为张拉端或固定端锚具，也可作重复使用的工具锚。

（2）KT-Z 型锚具

KT-Z 型锚具为可锻铸铁锥形锚，其由锚环和锚塞组成，分为 A 型和 B 型两种，当预应力筋的最大张拉力超过 450 kN 时采用 A 型，不超过 450 kN 时，采用 B 型。KT-Z 型锚具适用锚固，3 ~ 6 根直径为 12mm 的钢筋束或钢绞线束。该锚具为半埋式，使用时先将锚环小头嵌入承压钢板中，并用断续焊缝焊牢，然后共同预埋在构件端部。预应力筋的锚固需借千斤顶将锚塞顶入锚环，其顶压力为预应力筋张拉力的 50% ~ 60%。使用 KT-Z 型锚具时，预应力筋在锚环小口处形成弯折，因而产生摩擦损失。预应力筋的损失值为：钢筋束约 4%；钢绞线约 2%。

（3）XM 型锚具

XM 型锚具属新型大吨位群锚体系锚具。它由锚环和夹片组成。三个夹片为一组，夹持一根预应力筋形成一个锚固单元。由一个锚固单元组成的锚具称单孔锚具，由两个或两个以上的锚固单元组成的锚具称为多孔锚具，XM 型锚具的夹片为斜开缝，以确保夹片能夹紧钢绞线或钢丝束中每一根外围钢丝，形成可靠的锚固。夹片开缝宽度一般平均为 1.5 mm。XM 型锚具既可作为工作锚，又可兼作工具锚。

（4）QM 型锚具

0M 型锚具与 XM 型锚具相似，它也是由锚板和夹片组成的。但锚孔是直的，锚板顶面是平的，夹片垂直开缝。此外，备有配套喇叭形铸铁垫板与弹簧圈等等。

（5）饿头锚具

敏头锚用于固定端，它由锚固板和带儌头的预应力筋组成。

（三）钢丝束锚具

钢丝束所用锚具目前国内常用的是钢质锥形锚具、锥形螺杆锚具、钢丝束儌、头锚具、XM 型锚具和 QM 型锚具。

1. 钢质锥形锚具

钢质锥形锚具由锚环和锚塞组成。钢丝分布在锚环锥孔内侧，由锚塞塞紧锚固。锚环内孔的锥度应与锚塞的锥度一致，锚塞上刻有细齿槽，夹紧钢丝防止滑移。

锥形锚具的缺点是当钢丝直径误差较大时，易产生单根滑丝现象，且很难补救。如用加大顶锚力的办法来防止滑丝，又易使钢丝被咬伤。此外，钢丝锚固时呈辐射状态，弯折处受力较大。目前在国外已很少采用。

2. 锥形螺杆锚具

锥形螺杆锚具适用于锚固 14 ~ 28 根色 5 组成的钢丝束。由锥形螺杆、套筒、螺母、垫板组成。

3. 钢丝束锻头锚具

钢丝束擞头锚具用于锚固 12 ~ 54 根妒 5 碳素钢丝束，分 DM5A 型和 DM5B 型两种。

锚环的内外壁均有丝扣，内丝扣用于连接张拉螺杆，外丝扣用拧紧螺母锚固钢丝束。锚环和锚板四周钻孔，以固定儌头的钢丝。孔数和间距的钢丝根数确定。钢丝可用液压冷儌器进行锹头。钢丝束一端可在制束时将头儌好，另一端则待穿束后儌头，但构件孔道端部要设置扩孔。

张拉时，张拉螺丝杆一端与锚环内丝扣连接，另一端与拉杆式千斤顶的拉头连接，当张拉到控制应力时，锚环被拉出，则拧紧锚环外丝扣上的螺母加以锚固。

（四）张拉设备

后张法主要张拉设备有千斤顶和高压油泵。

1. 拉杆式千斤顶（YL型）

拉杆式千斤顶主要用于张拉带有螺丝端杆锚具的粗钢筋、锥形螺杆锚具钢丝束及锹头锚具钢丝束。

2. 锥锚式千斤顶（YZ型）

锥锚式干斤顶主要用于张拉KT-Z型锚具锚固的钢筋束或钢绞线束和使用锥形锚具的预应力钢丝束。其张拉油缸用以张拉预应力筋，顶压油缸用以顶压锥塞，因此又称双作用千斤顶。

张拉预应力筋时，主缸进油，主缸被压移，使固定在其上的钢筋被张拉。钢筋张拉后，改由副缸进油，随即由副缸活塞将锚塞顶入锚圈中。主、副缸的回油则是借助设置在主缸和副缸中弹簧作用来进行的。

3. 穿心式斗斤顶（YC型）

穿心式千斤顶适用性很强，它适用于张拉采用JM12型、QM型、XM型的预应力钢丝束、钢筋束和钢绞线束。配置撑脚和拉杆等附件后，又可作为拉杆式千斤顶使用。在千斤顶前端装上分束顶压器，并在千斤顶与撑套之间用钢管接长后叮作为YZ型千斤顶使用，张拉钢质锥形锚具，穿心式千斤顶的特点是千斤顶中心有穿通的孔道，以便预应力筋或拉杆穿过后用工具锚临时固定在千斤顶的顶部进行张拉。根据张拉力和构造不同，有YC60、YC20D、YCD120、YCD200和无顶压机构的YCQ型干斤顶。

4. 千斤顶的校正

采用千斤顶张拉预应力筋，预应力的大小是通过油压表的读数表达，油压表读数表示千斤顶活塞单位面积的油压力。

由于千斤顶活塞与油缸之间存在着一定的摩阻力，所以实际张拉力往往比上式计算的小。为保证预应力筋张拉应力的准确性，应定期校验千斤顶与油压表读数的关系，制成表格或绘制P与N的关系曲线，供施工中直接查用。校验时千斤顶活塞方向应与实际张拉时的活塞运行方向一致，校验期不应超过半年。如在使用过程中张拉设备出现反常现象，应重新校验。

千斤顶校正的方法主要有标准测力计校正、压力机校正及用两台千斤顶互相校正等方法。

5. 高压油泵

高压油泵与液压千斤顶配套使用，它的作用是向液压千斤顶各个油缸供油，使其活塞按照一定速度伸出或回缩。

高压油泵按驱动方式分为手动和电动两种。一般采用电动高压油泵。油泵型号有：ZBo8/500、ZBo6/630、ZB4/500、ZB1o/500（分数线上数字表示每分钟的流量，分数线下数字表示工作油压 kg/cm²）等数种。选用时，应使油泵的额定压力等于或大于千斤顶的额定压力。

二、预应力筋的制作

（一）单根预应力筋的制作

单根预应力钢筋一般用热处理钢筋，其制作包括配料、对焊、冷拉等工序。为保证质量，宜采用控制应力的方法进行冷拉；钢筋配料时应根据钢筋的品种测定冷拉率，如果在一批钢筋中冷拉率变化较大时，应尽可能把冷拉率相近的钢筋对焊在一起进行冷拉，以保证钢筋冷拉力的均匀性。钢筋对焊接长在钢筋冷拉前进行。钢筋的下料长度由计算确定。

（二）钢筋束及钢绞线束制作

钢筋束由直径为 10mm 的热处理钢筋编束而成，钢绞线束由直径为 12 mm 或 15 mm 的钢绞线束编束而成。预应力筋的制作一般包括开盘冷拉、下料和编束等工序。每束 3 ~ 6 根，一般不需对焊接长，下料是在钢筋冷拉后进行。钢绞线下料前应在切割口两侧各 50 mm 处用铁丝绑扎，切割后对切割口应立即焊牢，以免松散。

为了保证构件孔道穿入筋和张拉时不发生扭结，应对预应力筋进行编束。编束时一般把预应力筋理顺后，用 18 ~ 22 号铁丝，每隔 1m 左右绑扎一道，形成束状。

3. 钢丝束制作

钢丝束制作随锚具的不同而异，一般需经调直、下料、编束和安装锚具等工序。当采用 XM 型锚具、QM 型锚具、钢质锥形锚具时，预应力钢丝束的制作和下料长度计算基本与预应力钢筋束、钢绞线束相同。

为了保证张拉时各钢丝应力均匀，用锥形螺杆锚具和镦头锚具的钢丝束，要求钢丝每根长度要相等。为了保证钢丝不发生扭结，必须进行编束。编束前应对钢丝直径进行测量，直径相对误差不得超过 0.1mm，以保证成束钢丝与锚具可靠连接。采用锥形螺杆锚具时，编束工作在平个螺旋衬圈，再将编好的钢丝帘绕衬圈围成圆束，用铁丝绑扎牢固。

当采用锻头锚具时，根据钢丝分圈布置的特点，编束时首先将内圈和外圈钢丝分别用铁丝顺序编扎，然后将内圈钢丝放在外圈钢丝内扎牢。编束好后，先在一端安装锚杯并完成傲头工作，另一端钢统的锹头，待钢丝束穿过孔道安装上锚板后再进行。

三、后张法施工工艺

后张法施工工艺与预应力施工有关的主要是孔道留设、预应力筋张拉和孔道灌浆三部分。

（一）孔道留设

后张法构件中孔道留设一般采用钢管抽芯法、胶管抽芯法、预埋管法。预应力筋的孔道形状有直线、曲线和折线两种。钢管抽芯法只用于直线孔道，胶管抽芯法和预埋管法则适用于直线、曲线和折线孔道。

孔道的留设是后张法构件制作的关键工艺序之一。所留孔道的尺寸与位置应正确，孔道要平顺，端部的预埋钢板应垂直于孔中心线。孔道直径一般应比预应力筋的接头外径或需穿入孔道锚具外径大 10 ~ 15 mm，以利于穿入预应力筋。

1. 钢管抽芯法

将钢管预先埋设在模板内孔道位置，在混凝土浇筑和养护过程中，每隔一定时间要慢慢转动钢管一次，以防止混凝土与钢管黏结。在混凝土初凝后、终凝前抽出钢管，即在构件中形成孔道。为保证预留孔道质量，施工中应注意以下几点：

（1）钢管要平直，表面光滑，安放位置准确

钢管不直，在转动及拔管时易将混凝土管壁挤裂。钢管预埋前应除锈、刷油，以便抽管。钢管的位置固定一般用钢筋井字架，井字架间距一般为 1 ~ 2m。在灌筑混凝土时，应防止振动器直接接触钢管，以免产生位移。

（2）钢管每根长度最好不超过 15m，以便旋转和抽管

钢管两端应各伸出构件 500mm 左右。较长构件可用两根钢管接长，两根钢管接头处可用 0.5 mm 厚铁皮做成的套管连接。套管内表面要与钢管外表面紧密结合，以防漏浆堵塞孔道。

（3）恰当地掌握抽管时间

抽管时间与水泥品种、气温和养护条件有关。抽管宜在混凝土终凝前、初凝后进行，以用手指按压混凝土表面不显指纹时为宜。常温下抽管时间一般在混凝土浇筑后 3 ~ 6h。抽管时间过早会造成坍孔事故，太晚混凝土与钢管黏结牢固，抽管困难，甚至抽不出来。

（4）抽管顺序和方法

抽管顺序宜按先上后下的顺序进行：抽管时速度要均匀。边抽边转，并与孔道保持在一直线上。抽管后应及时检查孔道，并做好孔道清理工作，以免增加以后穿筋的困难。

（5）灌浆孔和排气孔的留及

由于孔道灌浆需要，每个构件与孔道垂直的方向应留设若干个灌浆孔和排气孔，孔距一般不大于 12m，孔径为 20mm，可用木塞或白铁皮管成孔。

2. 胶管抽芯法

留设孔道用的胶管一般有 5 层或 7 层夹布管和供预应力混凝土专用的钢丝网橡皮管两种，前者必须在管内充气或充水后才能使用。后者质硬且有一定弹性，预留孔道时与钢管一样使用。下面介绍常用的夹布胶管留设孔道的方法。

胶管采用钢筋井字架固定，间距不宜大于 0.5 m，并与钢筋骨架绑扎牢。然后充水（或充气）加压到 0.5 ~ 0.8N/mm^2，此时胶管直径可增大约 3 mm，待混凝土初凝后，放出压缩空气或压力水，胶管直径变小并与混凝土脱离，以便于抽出形成的孔道。为了保证留设孔道质量，使用时应注意以下几个问题：

胶管必须有良好的密封装置，勿使漏水、漏气。密封的方法是将胶管一端外表面削去 1 ~ 3 层胶皮及帆布，然后将外表面带有粗丝扣的钢管（钢管一端用铁板密封焊牢）插入胶管端头孔内，再用 20 号铅丝与胶管外表面密缠牢固，铅丝头用锡焊牢。胶管的另一端接上阀门，其方法与密封端基本相同。

3. 预埋管法

预埋管法是利用与孔道立径相同的金属波纹管埋在构件中，无需抽出，一般采用黑铁皮管、薄钢管或镀锌双波纹金属软管制作。预埋管法因省去抽管工序，且孔道埋设的位置使形状也易保证，故目前应用较为普遍。金属波纹管质量轻、刚度好、弯折方便且与混凝土黏结好。金属波纹管每根长4 ~ 6m，也可根据需要现场制作，其长度不限。波纹管在1 kN径向力作用下不变形，使用前应作灌水试验，检查有无渗漏现象。

波纹管的固定采用钢筋井字架，间距不宜大于0.8 m，曲线孔道时应加密，并用铁丝绑扎牢。波纹管的连接，可采用大一号同型波纹管，接头管长度应大于200 mm，用密封胶带或塑料热塑管封口。

（二）预应力筋张拉

用后张法张拉预应力筋时，混凝土强度应符合设计要求，如设计无规定时，不应低于设计强度等级的75%。

1. 张拉控制应力

张拉控制应力越高，建立的预应力值就越大，构件抗裂性越好。但是张拉控制应力过高，构件使用过程经常处于高应力状态，构件出现裂缝的荷载与破坏荷载很接近，往往构件破坏前没有明显预兆，而且当控制应力过高，构件混凝土预压应力过大会导致混凝土的徐变应力损失增加，因此控制应力应符合设计规定。在施工中预应力筋需要超张拉时，可比设计要求提高5%。

2. 张拉顺序

有多根预应力筋构件，不可能同时张拉时，应分批、分阶段对称张拉，张拉顺序应符合设计要求。

分批张拉时，由于后批张拉的作用力，混凝土再次产生弹性压缩导致先批预应力筋应力下降。此应力损失可按下式计算后加到先批预应力筋的张拉应力中去。分批张拉的损失也可以采取对先批预应力筋逐根复位补足的办法处理。

3. 金层构件的张拉

上层构件产生的水平摩阻力会阻止下层构件预应力筋张拉时混凝土弹性压缩的自由变形，当上层构件吊起后，由于摩阻力影响消失，将增加混凝土弹性压缩变形，因而引起预应力损失。该损失值与构件形式、隔离层和张拉方式有关。为了减少和弥补该项预应力损失，可自上而下逐层加大张拉力，底层张拉力不宜比顶层张拉力大5%（钢丝、钢绞线、热处理钢筋）。

为了使逐层加大的张拉力符合实际情况，最好在正式张拉前对某叠层第一、第二层构件的张拉压缩量进行实测，然后按下式计算各层应增加的张拉力。

4. 张拉端的设置

为了减少预应力筋与预留孔壁摩擦引起的预应力损失，对于抽芯成形孔道，曲线预应力筋和长度大于 24 m 的直线预应力筋，应在两端张拉；对长度等于或小于 24 m 的直线预应力筋，可在一端张拉；预埋波纹管孔道，对于曲线预应力筋和长度大于 30 m 的直线预应力筋，宜在两端张拉；对于长度小于 30 m 的直线预应力筋可在一端张拉。当同一截面中有多根一端张拉的预应力筋时，张拉端宜分别设在构件的两端，以免构件受力不均匀。

5. 预应力值的校核和伸长值的测定

为了了解预应力值建立的可靠性，需对预应力筋的应力及损失进行检验和测定，以便使张拉时补足和调整预应力值。检验应力损失最方便的办法是在预应力筋张拉 24 小时后孔道灌浆前重拉一次，测读前后两次应力值之差，即为钢筋预应力损失（并非应力损失全部，但已完成很大部分）。预应力筋张拉锚固后，实际预应力值与工程设计规定检验值的相对允许偏差为 ±5%。

在测定预应力筋伸长值时，必须先建立 10% 的初应力，预应力筋的伸长值，也应从建立初应力后开始测量，但必须加上初应力的推算伸长值，推算伸长值可根据预应力弹性变形呈直线变化的规律求得。对后张法尚应扣除混凝土构件在张拉过程中的弹性压缩值。预应力筋在张拉时，通过伸长值的校核，可以综合反映出张拉应力是否满足，孔道摩阻损失是否偏大，以及预应力筋是否有异常现象等。如实际伸长值与计算伸长值的偏差超过 ±6% 时，应暂停张拉，分析原因后采取措施。

（三）孔道灌浆

预应力筋张拉完毕后，应进行孔道灌浆。灌浆的目的是防止钢筋锈蚀，增加结构的整体性和耐久性，提高结构抗裂性和承载力。

灌浆用的水泥浆应有足够强度和黏结力，且应有较好的流动性、较小的干缩性和泌水性，水灰比控制在 0.4 ~ 0.45，搅拌后 3 h 泌水率宜控制在 2%，最大不得超过 3%，对孔隙较大的孔道可采用砂浆灌浆。

为了增加孔道灌浆的密实性，在水泥浆或砂浆内可掺入对预应力筋无腐蚀作用的外加剂。

灌浆用的水泥浆或砂浆应过筛，并在灌浆过程中不断搅拌，以免沉淀析水。灌浆前，用压力水冲洗和湿润孔道。用电动或手动灰浆泵进行灌浆。灌浆工作应连续进行，不得中断。

并应防止空气压入孔道而影响灌浆质量。灌浆压力以 0.5 ~ 0.6 MPa 为宜。灌浆顺序应先下后上，以避免上层孔道漏浆时把下层孔道堵塞。

当灰浆强度达到 15N/mm^2 时，方能移动构件，灰浆强度达到 100% 设计强度时才允许吊装。

第三节 无黏结预应力施工工艺

无黏结预应力是指在预应力构件中的预应力筋与混凝土没有黏结力，预应力筋张拉力完全靠构件两端的锚具传递给构件。具体做法是预应力筋表面刷涂料并包塑料布(管)后，将其铺设在支好的构件模板内，并浇筑混凝土，待混凝土达到规定强度后进行张拉锚固，它属于后张法施工。

无黏结预应力具有不需要预留孔道、穿筋、灌浆等复杂工序，施工程序简单，加快了施工速度。同时，摩擦力小且易弯成多跨曲线型，特别适用于大跨度的单、双向连续多跨曲线配筋梁板结构和屋盖。

一、无黏结预应力筋制作

（一）无黏结预应力筋的组成及要求

无黏结预应力筋主要由预应力钢材、涂料层、外包层和锚具组成。

无黏结预应力筋所用钢材主要有消除应力钢丝和钢绞线。钢丝和钢绞线不得有死弯，有死弯时必须切断，每根钢丝必须通长，严禁有接点。预应力筋的下料长度计算，应考虑构件长度、千斤顶长度、锻头的预留量、弹性回弹值、张拉伸长值、钢材品种和施工方法等因素。具体计算方法与有黏结预应力筋计算方法基本相同。

预应力筋下料时，宜采用砂轮锯或切断机切断，不得采用电弧切割。钢丝束的钢丝下料应采用等长下料。钢绞线下料时，应在切口两侧用 20 号或 22 号钢丝预先绑扎牢固，以免切割后松散。

涂料层的作用是使预应力筋与混凝土隔离，减少张拉时的摩擦损失，防止预应力筋腐蚀等。常用的涂料主要有防腐沥青和防腐油脂，涂料应有较好的化学稳定性和韧性；在 –20 ~ +70℃温度内应不开裂、不变脆、不流淌，能较好地黏附在钢筋上；涂料层应不透水、不吸湿、润滑性好、摩阻力小。

外包层主要由塑料带或高压聚乙烯塑料管制作而成。外包层应在 –20 ~ +70℃温度内不脆化、化学稳定性高，抗破损性强和具有足够的韧性，防水性好且对周围材料无侵蚀作用。塑料使用前必须烘干或炳干，避免成型过程中由于气泡引起塑料表面开裂。

单根无黏结筋制作时，宜优先选用防腐油脂作涂料层，外包层应用塑料注塑机注塑成形。防腐油脂应充足饱满，外包层与涂油预应力筋之间有一定的间隙，使预应力筋能在塑料套管中任意滑动。成束无黏结预应力筋可用防腐沥青或防腐油脂作涂料层。当使用防腐沥青时，应用密缠塑料带作外包层，塑料带各圈之间的搭接宽度应不小于带宽的 1/2，缠绕层数不小于 4 层。

制作好的预应力筋可以直线或盘圆运输、堆放。存放地点应设有遮盖棚，以免日晒雨淋。装卸堆放时，应采用软钢绳绑扎并在吊点处垫上橡胶衬垫，避免塑料套管外包层遭到损坏。

（二）锚具

无黏结预应力构件中，预应力筋的张拉力主要是靠锚具传递给混凝土的。因此，无黏结预应力筋的锚具不仅受力比有黏结预应力筋的锚具大，而且承受的是重复荷载。无黏结筋的锚具性能应符合 I 类锚具的规定。

（三）成型工艺

1. 涂包成型工艺

涂包成型工艺可以采用手工艺操作完成内涂刷防腐沥青或防腐油脂，外包塑料布也可以在缠纸机上连续作业，完成编束、涂油、缠塑料布和切断等工序。

无黏结预应力筋制作时，钢丝放在放线盘上，穿过梳子板汇成钢丝束，通过油枪均匀涂油后穿入锚环用冷锻机冷傲锚头，带有锚环的成束钢丝用牵引机向前牵引，同时开动装有塑料条的缠纸转盘，钢丝束一边前进一边进行缠绕塑料布条工作。当钢丝束达到需要长度后，进行切割，成为一个完整的无黏结预应力筋。

2. 挤压涂塑工艺

挤压涂塑工艺主要是钢丝通过涂油装置涂油，涂油钢丝束通过塑料挤压机涂刷聚乙烯或聚丙烯塑料薄膜，再经冷却成型，形成塑料套管。此法涂包质量好，生产效率高，适用于大规模生产的单根钢绞线和七根钢丝束。

二、无黏结预应力施工工艺

下面主要叙述无黏结预应力构件制作工艺中的几个主要问题。

（一）预应力筋的铺设

无黏结预应力筋铺设前应检查外包层完好程度，对有轻微破损的，用塑料带补包好，对破损严重的应予以报废。双向预应力筋铺设时，应先铺设下面的预应力筋，再铺设上面的预应力筋，以免预应力筋相互穿插。

无黏结预应力筋应严格按设计要求的曲线形状就位固定牢固。可用短钢筋或混凝土垫块等架起控制标高，再用铁丝绑扎在非预应力筋上。绑扎点间距不大于 1m，钢丝束的曲率控制可用铁马凳控制，马凳间距不宜大于 2m。

（二）预应力筋的张拉

预应力筋张拉时，混凝土强度应符合设计要求，当设计无要求时，混凝土的强度应达到设计强度的 75% 方可开始张拉。

张拉程序一般采用 0 ~ 103%° 可以减少无黏结预应力筋的松弛损失。

张拉顺序应根据预应力筋的铺设顺序进行，先铺设的先张拉，后铺设的后张拉。

当预应力筋的长度小于 25 m 时，宜采用一端张拉；若长度大于 25 m 时，宜采用两端张拉；长度超过 50 m 时，宜采取分段张拉。

预应力平板结构中，预应力筋往往很长，如何减少其摩阻损失值是重要的问题。

影响摩阻损失值的主要因素是润滑介质、外包层和预应力筋截面形式。其中，润滑介质和外包层的摩阻损失值对一定的预应力束而言是个定值，相对稳定。

而截面形式则影响较大，不同截面形式其离散性不同，但如能保证截面形状在全长内一致，则其摩阻损失值就能在很小范围内波动。否则，因局部阻塞就可能导致其损失值无法测定。摩阻损失值可用标准测力计或传感器等测力装置进行测定。施工时为降低摩阻损失值，宜采用多次重复米拉工艺。成束无黏结筋正式张拉前，一般先用千斤顶往复抽动1～2次。张拉过程中，严防钢丝被拉断，要控制同一截面的断裂根数不得大于2%。预应力筋的张拉伸长值应按设计要求进行控制。

（三）预应力筋端部处理

1. 张拉端处理

预应力筋端部处理取决于无黏结筋和锚具种类。

锚具的位置通常从混凝土的端面缩进一定的距离，前面做成一个凹槽，待预应力筋张拉锚固后，将外伸在锚具外的钢绞线切割到规定的长度，即要求露出夹片锚具外长度不小于30mm，然后在槽内壁涂以环氧树脂类黏结剂，以加强新老材料间的黏结，再用后浇膨胀混凝土或低收缩防水砂浆或环氧砂浆密封。

在对凹槽填砂浆或混凝土前，应预先对无黏结筋端部和锚具夹持部分进行防潮、防腐封闭处理。

无黏结钢丝的锚头防腐处理应特别重视。当锚环被拉出后，塑料套筒内产生空隙，必须用油枪通过锚环的注油孔向套筒内注满防腐油脂，灌油后将外露锚具封闭好，避免长期与大气接触造成锈蚀。

采用无黏结钢绞线夹片式锚具时，张拉端头构造简单，无需另加设施。张拉端头钢绞线预留长度不小于150mm，多余割掉，然后在锚具及承压板表面涂以防水涂料，再进行封闭。锚固区可以用后浇的钢筋混凝土圈梁封闭，将锚具外伸的钢绞线散开打弯，埋在圈梁内加强锚固。

2. 固定端处理

无黏结筋的固定端可设置在构件内。大的锻头锚板，应用螺旋筋加强。施工中如端头无结构配筋时，需要配置构造钢筋，使固定端板与混凝土之间有可靠的锚固性能。当采用无黏结钢绞线时，锚固端可采用压花成型，埋置在设计部位。这种做法的关键是张拉前锚固端的混凝土强度等级必须达到设计强度（＞C30）才能形成可靠的黏结式锚头。

第四节 预应力混凝土施工质量检查与安全措施

一、质量检查

混凝土工程的施工质量检验应按主控项目、一般项目规定的检验方法进行检验。

（一）主控项目

1. 预应力筋进场时，应按现行国家标准规定抽取试件作力学性能检验，其质量必须符合有关标准的规定。

检查数量：按进场的批次和产品的抽样检验方案确定。

检验方法：检查产品合格证、出厂检验报告和进场复检报告。

2. 无黏结预应力筋的涂包质值应符合无黏结预应力钢绞线标准的规定。

检查数量：每 60t 为一批，每批抽取一组试件。

检验方法：观察、检查产品合格证、出厂检验报告和进场复验报告。

预应力筋用的锚具、夹具和连接器应按设计要求采用，其性能应符合现行国家标准的规定。

3. 孔道灌浆用水泥应采用普通硅酸盐水泥，其质量应符合有关规范的规定。孔道灌浆用外加剂的质量应符合有关规范的规定。

检查数量：按进场批次和产品的抽样检验方案确定。

检验方法：检查产品合格证、出厂检验报告和进场复验报告。

预应力筋安装时，其品种、级别、规格、数量必须符合设计要求。

4. 先张法预应力施工时应选用非油质类模板隔离剂，并应避免玷污预应力筋。施工过程中应避免电火花损伤预应力筋；受损伤的预应力筋应予以更换。

检查数量：全数检查。

检验方法：观察、钢尺检查。

5. 预应力筋张拉或放张时，混凝土强度应符合设计要求；当设计无具体要求时，不应低于设计的混凝土立方体抗压强度标准值的 75%。

检查数量：全数检查。

检验方法：检查同条件养护试件试验报告。

6. 预应力筋的张拉力、张拉或放张顺序及张拉工艺应符合设计及施工技术方案的要求，并应符合规定。

检查数量：全数检查。

检验方法：检查张拉记录。

7. 预应力筋张拉锚固后实际建立的预应力值与工程设计规定检验值的相对允许偏差为5%。

检查数量：对先张法施工，每工作班抽查预应力筋总数的1%，且不少于3根；对后张法施工，在同一检验批内抽查预应力筋总数的3%，且不少于3束。

检验方法：对先张法施工，检查预应力筋应力检测记录；对后张法施工，应见证检查张拉记录。

8. 张拉过程中应避免预应力筋断裂或滑脱，当发生断裂或滑脱时，必须符合下列规定：对后张法预应力结构构件。断裂或滑脱的数量严禁超过同一截面预应力筋总根数的3%，且每束钢丝不得超过1根；对多跨双向连续板，其同一截面应按每跨计算；对先张法预应力构件，在浇筑混凝土前发生断裂或滑脱的预应力筋必须予以更换。

检查数量：全数检查。

检验方法：观察、检查张拉记录。

9. 后张法有黏结预应力筋张拉后应尽早进行孔道灌浆，孔道内水泥浆应饱满、密实。

检查数量：全数检查。

检验方法：观察、检查灌浆记录。

10. 锚具的封闭保护应符合设计要求；当设计无具体要求时，应符合下列规定：应采取防止锚具腐蚀和遭受机械损伤的有效措施；凸出式锚固端锚具的保护层厚度不应小于50 mm；外露预应力筋的保护层厚度处于正常环境时不应小于20 mm；处于易受腐蚀的环境时不应小于50 mm。

检查数量：在同一检捡批内抽查预应力筋总数的5%，且不少于5处。

检验方法：观察、钢尺检查。

（二）一般项目

1. 预应力筋使用前应进行外观检查，要求：有黏结预应力筋展开后应平顺，不得有弯折，表面不应有裂纹、小刺、机械损伤、氧化铁皮和油污等；无黏结预应力筋护套应光滑，无裂缝，无明显褶皱。

预应力筋用锚具、夹具和连接器使用前应进行外观检查，其表面应无污物、锈蚀、机械损伤和裂纹。

顶应力混凝土用金属螺旋管在使用前应进行外观检查，其内外表面应清洁，无锈蚀，不应有油污、孔洞和不规则的褶皱，不应有开裂或脱扣。

检查数量：全数检查。

检验方法：观察。

2. 预应力混凝土用金属螺旋管的尺寸和性能应符合国家标准的规定。

检查数量：按进场批次和产品的抽样检验方案确定。

检验方法：检查产品合格证、出厂检验报告和进场复验报告。

3. 预应力筋应采用砂轮锯或切断机切断，不得采用电弧切割。当钢丝束两端采用儆头锚具时，同一束中各根钢丝长度的极差不应大于钢丝长度的 1/5 000，且不应大于 5 mm；成组张拉氏度不大于 10 m 的钢丝时，同组钢丝长度的极差不得大于 2 mm。

检查数量：每工作班抽查预应力筋总数的 3%，且不少于 3 束。

检验方法：观察、钢尺检查。

4. 预应力筋端部锚具的制作质量应符合下列要求：挤压锚具制作时压力表油压应符合操作说明书的规定，挤压后预应力筋外端应露出挤压套筒。

5. 钢绞线压花锚成形时，表面应清洁、无油污，梨形头尺寸和直线段长度应符合设计要求；钢丝敏头的强度不得低于钢丝强度标准值的 98%。

检查数量：对挤压锚，每工作班抽查 5%，且不应少于 5 件；对压花锚，每工作班抽查 3 件；对钢丝儆头强度，每批钢丝检查 6 个儆头试件。

检验方法：观察、钢尺检查，检查儆头强度试验报告。

6. 后张法有黏结预应力筋预留孔道的规格、数量、位置和形状应符合设计要求和规范规定。

检查数量：全数检查。

检验方法：观察、钢尺检查。

7. 预应力筋束形控制点的竖向位置偏差应符合规定。

检查数量：在同一检验批内，抽查各类型构件中预应力筋总数的 5%，且对各类型构件均不少于 5 束，每束不应少于 5 处。

检验方法：钢尺检查。

8. 无黏结预应力筋的铺设除应符合上条的规定外，尚应符合下列要求：无黏结预应力筋的定位应牢固，浇筑混凝土时不应出现移位和变形；端部的预埋锚垫板应垂直于预应力筋；内埋式固定端垫板不应重叠，锚具与垫板应贴紧；无黏结预应力筋成束布置时应能保证混凝土密实并能裹住预应力筋；无黏结预应力筋的护套应完整，局部破损处应采用防水胶带缠绕紧密。

检查数量：全数检查：

检验方法：观察。

9. 浇筑混凝土前穿入孔道的后张法有黏结预应力筋，宜采取防止锈蚀的措施。

检查数量：全数检查。

检验方法：观察。

10. 先张法预应力筋张拉后与设计位置的偏差不得大于 5 mm。且不得大于构件藏面短边边长的 4%。锚固阶段张拉端预应力筋的内缩量应符合设计要求；当设计无具体要求时，应符合规定。

检查数量：每工作班抽查预应力筋总数的 3%，且不少于 3 束。

检验方法：钢尺检查。

11. 后张法预应力筋锚固后的外围部分宜采用机械方法切割，其外露长度不宜小于预应力筋直径的 1.5 倍，且不宜小于 30 mm。

检查数量：在同一检验批内，抽查预应力筋总数的 3%，且不少于 5 束。

检验方法：观察、钢尺检查。

12. 灌浆用水泥浆的水灰比不应大于 0.45. 搅拌后 3 h 泌水率不宜大于 2%，且不应大于 3%。泌水应能在 24 h 内全部重新被水泥浆吸收。

检查数成：同一配合比检查一次，

检验方法：检查水泥浆性能试验报告。

13. 灌浆用水泥浆的抗压强度不应小于 30 N/mm^2。

检查数每工作班留置一组边长为 70.7 mm 的立方体试件。

检验方法：检查水泥浆试件强度试验报告。

二、安全措施

所用张拉设备仪表，应由专人负责使用与管理，并定期实行维护与检验，设备的测定期不超过半年，否则必须及时重新测定。施工时，根据预应力筋种类等合理选择张拉设备，预应力筋的张拉力不应大于设备额定张拉力，严禁在负荷时拆换油管或压力表，按电源时机壳必须接地，经检查绝缘可靠后才可试运转。

先张法施工中，张拉机具与预应力筋应在一条直线上；顶紧锚塞时，用力不要过猛，以防钢丝折断。台座法生产，其两端应设右防护设施，并在张拉损应力筋时沿台座长度方向每隔 4 ~ 5m 设置一个防护架，两端严禁站人，更不准进入台座。

后张法施工中，张拉预应力筋时，任何人不得站在预应力筋两端，同时在千斤顶后面设立防护装置。操作千斤顶的人员应严格遵守操作规程，应站在千斤顶侧面工作。在油泵开动过程中，不得擅自离开岗位，如需离开，应将油阀全部松开或切断电路。

第六章 屋面工程

第一节 构造与排气

如果保温层采用吸水率低的材料时它们不会再吸水，保温性能就能得到保证。如果保温层采用吸水率大的材料，施工时如遇雨水或施工用水侵入造成很大含水率时，则应使它干燥。但许多工程找平层已施工，一时无法干燥，为了避免因保温层含水率高而导致防水层起鼓，使屋面在使用过程中逐渐将水分蒸发（需几年或几十年时间），过去采取被称为“排汽屋面”的技术措施，也有人称呼吸屋面。

在保温层中设置纵横排汽道，在交叉处安放向上的排气管，目的是当温度升高，水分蒸发，气体沿排汽道、排气管与大气连通，不会产生压力，潮气还可以从孔中排出，排汽屋面要求排汽道不得堵塞。这种做法确实有一定的效果，所以在规范中规定如果保温层含水率过高（超过15%）时，不管设计时是否有规定，施工时都必须做排汽屋面处理。当然如果采用低吸水率保温材料时，就可以不采取这种屋面排汽构造。施工应符合下列规定：

排汽道及排气孔的设置应符合规范规定；

排汽道应与保温层连通，排汽道内可填入透气性好的材料；

施工时，排汽道及排气孔均不得被堵塞。

屋面纵横排汽道的交叉处可埋设金属或塑料排气管，排气管宜设置在结构层上，穿过保温层及排汽道的管壁四周应打孔。排气管应做好防水处理。

第二节 保温与隔热

一、保温隔热材料

屋面保温隔热材料宜选用聚苯乙烯硬质泡沫保温板、聚氨酯硬质泡沫保温板、喷涂硬泡聚氨酯或绝热玻璃棉等。聚氨酯硬质泡沫保温板应符合国家标准的要求。

喷涂硬泡聚氨酯保温材料的主要物理性能应符合国家标准的要求。绝热玻璃棉应符合国家标准的要求。

二、保温层施工

（一）板状材料保温层施工

板状材料保温层施工应符合下列规定：

基层应平整、干燥、干净。

相邻板块应错缝拼接，分层敷设的板块上下层接缝应相互错开，板间缝隙应采用同类材料嵌填密实。

采用干铺法施工时，板状保温材料应紧靠在基层表面上，并应铺平垫稳。

采用黏结法施工时，胶黏剂应与保温材料相容，板状保温材料应贴严、粘牢，在胶黏剂固化前不得让人踩踏。

采用机械固定法施工时，固定件应固定在结构层上，固定件的间距应符合设计要求。

（二）纤维材料保温层施工

纤维材料保温层施工应符合下列规定：

基层应平整、干燥、干净。

纤维保温材料在施工时，应避免重压，并应采取防潮措施。

纤维保温材料敷设时，平面拼接缝应贴紧，上下层拼接缝应相互错开。

屋面坡度较大时，纤维保温材料宜采用机械固定法施工。

在敷设纤维保温材料时，应做好劳动保护工作。

（三）喷涂硬泡聚氨酯保温层施工

喷涂硬泡聚氨酯保温层施工应符合下列规定：

基层应平整、干燥、干净。

施工前应对喷涂设备进行调试，并应对喷涂试块进行材料性能检测。

喷涂时喷嘴与施工基面的间距应由试验确定。

喷涂硬泡聚氨酯的配合比应准确计量，发泡厚度应均匀一致。

一个作业面应分遍喷涂完成，每遍喷涂厚度不宜大于 15 mm，硬泡聚氨酯喷涂后 20 min 内严禁上人。

喷涂作业时，应采取防止污染的遮挡措施。

（四）现浇泡沫混凝土保温层施工

现浇泡沫混凝土保温层施工应符合下列规定：

基层应清理干净，不得有油污、浮尘和积水。

现浇泡沫混凝土应按设计要求的干密度和抗压强度进行配合比设计，拌制时应计量准确，并应搅拌均匀。

泡沫混凝土应按设计的厚度设定浇筑面标高线，找坡时宜采取挡板辅助措施。

泡沫混凝土的浇筑出料口离基层的高度不宜超过 1 m，泵送时应采取低压泵送。

泡沫混凝土应分层浇筑，一次浇筑厚度不宜超过 200 mm，终凝后应进行保湿养护，养护时间不得少于 7 d。

三、隔汽层施工

隔汽层施工应符合下列规定：

隔汽层施工前，基层应进行清理，宜进行找平处理。

屋面周边隔汽层应沿墙面向上连续敷设，高出保温层上表面不得小于 150 mm。

采用卷材做隔汽层时，卷材宜空铺，卷材搭接缝应满粘，其搭接宽度不应小于 80 mm；采用涂膜做隔汽层时，涂料涂刷应均匀，涂层不得有堆积、起泡和露底现象。

穿过隔汽层的管道周围应进行密封处理。

四、倒置式屋面保温层施工

倒置式保温防水屋面施工工艺流程为：基层清理检查→工具准备→材

料检验→节点增强处理→防水层施工、检验，保温层敷设、检验→现场清理→保护层施工→验收。

（一）防水层施工

根据不同的材料，应采用相应的施工方法和工艺施工，并检验。

（二）保温层施工

保温材料可以直接干铺或用专用黏结剂粘贴，聚苯板不得选用溶剂型黏结剂粘贴。保温材料接缝处可以是平缝也可以是企口缝，接缝处可以灌入密封材料以连成整体。块状保温材料的施工应采用斜缝排列，以利于排水。

当采用现喷硬泡聚氨酯保温材料时，要在成型的保温层面进行分格处理，以减少收缩开裂。大风天气和雨天不得施工，同时注意喷施人员的劳动保护。

（三）面层施工

上人屋面采用 40 ～ 50 mm 厚钢筋细石混凝土作面层时，应按刚性防水层的设计要求进行分格缝的节点处理；采用混凝土块材作上人屋面保护层时，应用水泥砂浆坐浆平铺，板缝用砂浆勾缝处理。

当屋面是非功能性上人屋面时，可采用平铺预制混凝土板的方法进行压埋，预制板要有一定强度，厚度也应不小于 30 mm 选用卵石或沙砾作保护层时，其直径应为 20 ～ 60 mm，铺埋前应先敷设 250 g/ ㎡的聚酯纤维无纺布或油毡等隔离，再铺埋卵石，并要注意雨水口的畅通。压置物的质量应保证最大风力时保温板不被刮起和保证保温层在积水状态下不浮起。聚苯乙烯保温层不能直接受太阳照射，以防紫外线照射导致老化，还应避免与溶剂接触和在高温环境下（80℃以上）使用。

第三节　防水与密封

一、屋面卷材防水层施工

（一）防水卷材的选用

根据当地历年最高气温、最低气温、屋面坡度和使用条件等因素，选择耐热度、柔性相适应的卷材。

根据地基变形程度、结构形式、当地年温差、日温差和震动等因素，选择拉伸性相适应的卷材。

根据屋面防水卷材的暴露程度，选择耐紫外线、耐穿刺、耐老化保持率或耐霉性能相适应的卷材。

自粘橡胶沥青防水卷材和自粘聚酯毡改性沥青防水卷材（0.5 mm 厚铝箔覆面者除外），不得用于外露的防水层。

（二）卷材防水层基层要求

卷材防水层基层应坚实、干净、平整，应无孔隙、起砂和裂缝。基层的干燥程度应根据所选防水卷材的特性确定。

采用基层处理剂时，其配制与施工应符合下列规定：

基层处理剂应与防水卷材相容。

基层处理剂应配比准确，并应搅拌均匀。

喷、涂基层处理剂前，应先对屋面细部进行涂刷。

基层处理剂可选用喷涂或涂刷施工工艺，喷、涂应均匀一致，干燥后应及时进行卷材施工。

（三）卷材铺贴顺序和卷材搭接

1. 卷材铺贴顺序

卷材铺贴应按“先高后低，先远后近”的顺序施工。高低跨屋面，应先铺高跨屋面，后铺低跨屋面；在同高度大面积的屋面，应先铺离上料点较远的部位，后铺较近部位。

应先细部结构处理，然后大面积由屋面最低标高向上铺贴。卷材大面积铺贴前，应先做好节点密封处理、附加层和屋面排水较集中部位（屋面与水落口连接处、檐口、天沟、檐沟、屋面转角处、板端缝等）的处理、分格缝的空铺条处理等，然后由屋面最低标高处向上施工。铺贴天沟、檐沟卷材时，宜顺天沟、檐沟方向铺贴，从水落口处向分水线方向铺贴，以减少搭接。卷材宜平行屋脊铺贴，上下层卷材不得相互垂直铺贴。立面或大坡面铺贴卷材时，应采用满粘法，并宜减少卷材短边搭接。

为了保证防水层的整体性，减少漏水的可能性，屋面防水工程尽量不划分施工段；当需要划分施工段时，施工段的划分宜设在屋脊、天沟、变形缝等处。

2. 卷材搭接

卷材搭接缝应符合下列规定：

平行屋脊的搭接缝应顺流水方向，搭接缝宽度应符合规范规定。

同一层相邻两幅卷材短边搭接缝错开不应小于 500 mm。

上下层卷材长边搭接缝应错开，且不应小于幅宽的 1/3。

当卷材叠层敷设时，上下层不得相互垂直铺贴，以免在搭接缝垂直交叉处形成挡水条。叠层敷设的各层卷材在天沟与屋面的连接处，应采取叉接法搭接，搭接缝应错开；搭接缝宜留在屋面与天沟侧面，不宜留在沟底。

卷材铺贴的搭接方向，主要考虑到坡度大或受震动时卷材易下滑，尤其是含沥青（温感性大）的卷材，高温时软化下滑是常有发生的。对于高分子卷材的铺贴方向要求不严格，为便于施工，一般顺屋脊方向铺贴，搭接方向应顺流水方向，不得逆流水方向，避免流水冲刷接缝，使接缝损坏。垂直屋脊方向铺卷材时，应顺大风方向。在铺贴卷材时，不得污染檐口的外侧和墙面。高聚物改性沥青防水卷材和合成高分子防水卷材的搭接缝，宜用材料性能相容的密封材料封严。

（四）卷材施工工艺

卷材与基层连接方式有满粘、空铺、条粘、点粘四种。在工程应用中根据建筑部位、使用条件、施工情况，可以用其中一种或两种，在图纸上应该注明。

1. 卷材冷粘法施工工艺

冷粘法施工是指在常温下采用胶黏剂等材料进行卷材与基层、卷材与卷材间黏结的施工方法。一般合成高分子卷材采用胶黏剂、胶黏带粘贴施工，聚合物改性沥青采用冷玛蹄脂粘贴施工。卷材采用自粘胶铺贴施工也属该施工工艺。该工艺在常温下作业不需要加热或明火，施工方便、安全，但要求基层干燥，胶黏剂的溶剂（或水分）充分挥发，否则不能保证黏结的质量。冷粘法施工选择的胶黏剂应与卷材配套、相容且黏结性能满足设计要求。

卷材冷粘法施工工艺具体步骤如下：

涂刷胶黏剂：底面和基层表面均应涂胶黏剂。卷材表面涂刷基层胶黏剂时，先将卷材展开摊铺在旁边平整干净的基层上，用长柄滚刷蘸胶黏剂，均匀涂刷在卷材的背面，不得涂刷得太薄而露底，也不能涂刷过多而产生聚胶。还应注意在搭接缝部位不得涂刷胶黏剂，此部位留作涂刷接缝胶黏剂，留置宽度即卷材搭接宽度。

涂刷基层胶黏剂的重点和难点与涂刷基层处理剂相同，即阴阳角、平立面转角处、卷材收头处、排水口、伸出屋面管道根部等节点部位，这些部位有增强层时应用接缝胶黏剂，涂刷工具宜用油漆刷。涂刷时切忌在一处来回涂滚，以免将底胶“咬起”形成凝胶而影响质量，应按规定的位置和面积涂刷胶黏剂。

卷材的铺贴：各种胶黏剂的性能和施工环境不同，有的可以在涂刷后立即粘贴卷材，有的需待溶剂挥发一部分后才能粘贴卷材，尤以后者居多，因此要控制好胶黏剂涂刷与卷材铺贴的间隔时间。一般要求基层及卷材上涂刷的胶黏剂达到表干程度，其间隔时间与胶黏剂性能及气温、湿度、风力等因素有关，通常为 10 ~ 30 min，施工时可凭经验确定，用指触不粘手时即可开始粘贴卷材。间隔时间的控制是冷粘法施工的难点，这对黏结力和黏结的可靠性影响很大。

卷材铺贴时应对准已弹好的粉线，并且在铺贴好的卷材上弹出搭接宽度线，以便进行第二幅卷材铺贴时能以此为准进行铺贴。

平面上铺贴卷材时，一般可采用以下两种方法进行：

一种是抬铺法，在涂布好胶黏剂的卷材两端各安排一个工人，拉直卷材，中间根据卷材的长度安排 1 至 4 个人，同时将卷材沿长向对折，使涂布胶黏剂的一面向外，抬起卷材，将一边对准搭接缝处的粉线，再翻开上半部卷材铺在基层上，同时拉开卷材使之平服。操作过程中，对折、抬起卷材、对粉线、翻平卷材等工序，几人均应同时进行。

另一种是滚铺法，将涂布完胶黏剂并达到要求干燥度的卷材用 50 ~ 100 mm 的塑料管或原来用来装运卷材的纸筒芯重新成卷，使涂布胶黏剂的一面朝外，成卷时两端要平整，不应出现笋状，以保证铺贴时能对齐粉线，并要注意防止砂子、灰尘等杂物粘在卷材表面。成卷后用一根 30 mm × 1500 mm 的钢管穿入中心的塑料管或纸筒芯内，由两人分别持钢管两端，抬起卷材的端头，对准粉线，固定在已铺好的卷材顶端搭接部位或基层面上，抬卷材两人同时匀速向前展开卷材，随时注意将卷材边缘对准线，并应使卷材铺贴平整，直到铺完一幅卷材。

每铺完一幅卷材，应立即用干净而松软的长柄压辐（一般重 30 ~ 40 kg）滚压，使其粘贴牢固。滚压应从中间向两侧边移动，做到排气彻底。平立面交接处，则应先粘贴好平面，经过转角，由下向上粘贴卷材，粘贴时切勿拉紧，要轻轻沿转角压紧压实，再往上粘贴，同时排除空气，最后用手持压辊滚压密实，滚压时要从上往下进行。

接缝的粘贴：卷材铺好压粘后，应将搭接部位的结合面清除干净，可用棉纱蘸少量汽油擦洗。然后采用油漆刷均匀涂刷接缝胶黏剂，不得出现露底、堆积现象。涂胶量可按产品说明控制，待胶黏剂表面干燥后（指触不粘）即可进行黏合。黏合时应从一端开始，边压合边驱除空气，不许有气泡和皱褶现象，然后用手持压辐顺边认真仔细辐压一遍，使其黏结牢固。三层重叠处最不易压严，要用密封材料预先加以填封，否则将会成为渗水通道。

搭接缝全部粘贴后，缝口要用密封材料封严，密封时用刮刀沿缝刮涂，不能留有缺口，密封宽度不应小于 10 mm。

2. 卷材热粘法施工工艺

热粘贴是指采用热玛蹄脂或采用火焰加热熔化热熔防水卷材底层的热熔胶进行黏结的施工方法。常用的有 SBS 或 APP（APAO）改性沥青热熔卷材、热玛蹄脂或热熔改性沥青黏结胶粘贴的沥青卷材或改性沥青卷材。这种工艺主要针对含有沥青为主要成分的卷材和胶黏剂，它采取科学有效的加热方法，对热源进行有效控制，为以沥青为主的防水材料的应用创造了广阔的天地，同时取得了良好的防水效果。

厚度小于 3 mm 的卷材严禁采用热熔法施工，因为小于 3 mm 的卷材在加热热熔底胶时极易烧坏胎体或烧穿卷材。大于 3 mm 的卷材在采用火焰加热器加热卷材时既不得过分加热，以免烧穿卷材或使底胶焦化，也不能加热不充分，以免卷材不能很好地与基层粘牢，所以必须加热均匀，来回摆动火焰，使沥青呈光亮即止。热熔卷材铺贴常采取滚铺法，即边加热卷材边立即滚推卷材铺贴于基层，并用刮板用力推刮排除卷材下的空气，使卷材铺平，不皱折、不起泡，与基层粘贴牢固。推刮或辐压时，以卷材两边接缝处溢出沥青热熔胶为最适宜，并将溢出的热熔胶回刮封边。铺贴卷材亦应弹好标线，铺贴应顺直，搭接尺寸准确。

卷材热粘贴施工工艺如下：

滚铺法：这是一种不展开卷材而边加热烘烤边滚动卷材铺贴的方法。滚铺法的步骤如下：

起始端卷材的铺贴：将卷材置于起始位置，对好长、短方向搭接缝，滚展卷材 1 000 mm 左右，掀开已展开的部分，开启喷枪点火，喷枪头与卷材保持 50 ~ 100 mm 的距离，与基层呈 30° ~ 45°，将火焰对准卷材与基层交接处，同时加热卷材底面热熔胶面和基层，至热熔胶层出现黑色光泽、发亮至稍有微泡出现，慢慢放下卷材平铺于基层，然后进行排气辊压，使卷材与基层黏结牢固。当起始端铺贴至剩下 300 mm 左右长度时，将其翻放在隔热板上，用火焰加热余下起始端基层后，再加热卷材起始端的余下部分，然后将其粘贴于基层。

滚铺：卷材起始端铺贴完成后即可进行大面积滚铺。持枪人位于卷材滚铺的前方，按上述方法同时加热卷材和基层，条粘时只需加热两侧边，加热宽度各为 150 mm 左右。推滚卷材的人蹲在已铺好的卷材起始端上面，等卷材充分加热后缓缓推压卷材，并随时注意卷材的平整顺直和搭接缝宽度。其后紧跟一人用棉纱团等从中间向两边抹压卷材，赶出气泡，并用刮刀将溢出的热熔胶刮压接边缝。另一个用压根压实卷材，使之与基层粘贴密实。

展铺法：展铺法是先将卷材平铺于基层，再沿边掀起卷材予以加热粘贴。此方法主要适用于条粘法铺贴卷材，其施工方法如下：

先将卷材展铺在基层上对好搭接缝，按滚铺法的要求先铺贴好起始端卷材。

拉直整幅卷材使其无皱折、无波纹，能平坦地与基层相贴，并对准长边搭接缝，然后对末端做临时固定，防止卷材回缩，可采用站人等方法。

由起始端开始粘贴卷材，掀起卷材边缘约 200 mm 高，将喷枪头伸入侧边卷材底下，加热卷材边宽约 200 mm 的底面热熔胶和基层，边加热边向后退。然后另一人用棉纱团等由卷材中间向两边赶出气泡，并抹压平整。再由紧随的操作人员持辊压实两侧边卷材，并用刮刀将溢出的热熔胶刮压平整。

铺贴到距末端 1 000 mm 左右长度时，撤去临时固定，按前述滚压法铺贴末端卷材。

搭接缝施工：热熔卷材表面一般有一层防粘隔离纸，因此在热熔黏结接缝之前，应先将下层卷材表面的隔离纸烧掉，以利搭接牢固严密。操作时，由持枪人手持烫板（隔火板）柄，将烫板沿搭接粉线后退，喷枪火焰随烫板移动，喷枪应离开卷材 50 ~ 100 mm，贴近烫板。移动速度要控制合适，以刚好熔去隔离纸为宜。烫板和喷枪要密切配合，以免烧损卷材。排气和辐压方法与前述相同。当整个防水层熔贴完毕后，所有搭接缝应用密封材料涂封严密。

3. 卷材自粘法施工工艺

自粘贴卷材施工是指自粘型卷材的铺贴方法。自粘型卷材在工厂生产时，在其底面涂有一层压敏胶，胶黏剂表面敷有一层隔离纸。施工时只要剥去隔离纸，即可直接铺贴。自粘型卷材通常为高聚物改性沥青卷材，施工时一般可采用满粘法和条粘法进行铺贴。采用条粘法时，需与基层脱离的部位可在基层上刷一层石灰水或加铺一层撕下的隔离纸。铺贴时为增加黏结强度，基层表面也应涂刷基层处理剂；干燥后应及时铺贴卷材，可采用滚铺法或抬铺法进行。

铺贴自粘卷材施工工艺如下：

滚铺法，操作小组由 5 人组成，2 人用 1 500 mm 长的管材穿入卷材芯孔，一边一人架空慢慢向前转动，一人负责撕拉卷材底面的隔离纸，由一名有经验的操作工负责铺贴并尽量排除卷材与基层之间的空气，另一名操作工负责在铺好的卷材面进行滚压及收边。

开卷后撕掉卷材端头 500 ~ 1 000 mm 长的隔离纸，对准长边线和端头的位置贴牢就可铺贴。负责转动铺开卷材的两人还要看好卷材的铺贴和撕拉隔离纸的操作情况，一般保持 1 000 mm 长左右。在自然或松弛状态下对准长边线粘贴。使用铺卷材器时，要对滚铺法准弹在基面的卷材边线滚动。

卷材铺贴的同时应从中间和向前方顺压，使卷材与基层之间的空气全部排出；在铺贴好的卷材上用压辐滚压平整，确保无皱折、无扭曲、无鼓包等缺陷。

卷材的接口处用手持小辐沿接缝顺序滚压，要将卷材末端处滚压严实，并使黏结胶略有外露为好。

卷材的搭接部分要保持洁净，严禁掺入杂物，上下层及相邻两幅的搭接缝均应错开，长短边搭接宽度不少于 80 mm，如遇气温低和搭接处黏结不牢，可用加热器适当加热，确保粘贴牢固。溢出的自粘胶随即刮平封口。

抬铺法是先将待铺卷材剪好，反铺于基层上，并剥去卷材全部隔离纸后再铺贴卷材的方法。适合于较复杂的铺贴部位，或隔离纸不易掀剥的场合。施工时按下述方法进行：

首先根据基层形状裁剪卷材。裁剪时，将卷材铺展在待铺部位，实测基层尺寸（考虑搭接宽度）裁剪卷材。然后将剪好的卷材认真仔细地剥除隔离纸，用力要适度，已剥开的隔离纸与卷材宜成锐角，这样不易拉断隔离纸。如出现小片隔离纸粘连在卷材上时，可用小刀仔细挑出，实在无法剥离时，应用密封材料加以涂盖。全部隔离纸剥离完毕后，将卷材带胶面朝外，沿长向对折卷材。然后抬起并翻转卷材，使搭接边转向搭接粉线。当卷材较长时，在中间安排数人配合，一起将卷材抬到待铺位置，使搭接边对准粉线，从短边搭接缝开始沿长向铺放好搭接缝侧半幅卷材，然后再铺放另半幅。在铺放过程中，各操作人员要默契配合，铺贴的松紧与滚铺法相同。铺放完毕后再进行排气、滚压。

立面和大坡面的铺贴，由于自粘型卷材与基层的黏结力相对较低，在立面或大坡面上，卷材容易产生下滑现象，因此在立面或大坡面上粘贴施工时，宜用手持式汽油喷灯将卷材底面的胶黏剂适当加热后再进行粘贴、排气和辐压。

搭接缝粘贴，自粘型卷材上表面常带有防粘层（聚乙烯膜或其他材料），在铺贴卷材前，应将相邻卷材待搭接部位上表面的防粘层先熔化掉，使搭接缝能黏结牢固。操作时，用手持汽油喷灯沿搭接粉线进行。黏结搭接缝时，应掀开搭接部位卷材，宜用扁头热风枪加热卷材底面胶黏剂，加热后随即粘贴、排气、碾压，溢出的自粘胶随即刮平封口。搭接缝粘贴密实后，所有接缝口均用密封材料封严，宽度不应小于 10 mm。

4. 卷材热风焊接施工工艺

热风焊接施工是指采用热空气加热热塑性卷材的黏合面进行卷材与卷材接缝黏结的施工方法，卷材与基层间可采用空铺、机械固定、胶黏剂黏结等方法。热风焊接主要适用于树脂型（塑料）卷材。焊接工艺结合机械固定使防水设防更有效。目前采用焊接工艺的材料有 PVC 卷材、高密度和低密度聚乙烯卷材。这类卷材热收缩值较高，最适宜用于有设置的防水层，宜采用机械固定，点粘或条粘工艺。它强度大，耐穿刺好，焊接后整体性好。

热风焊接卷材在施工时，首先应将卷材在基层上铺平顺直，切忌扭曲、皱褶，并保持卷材清洁，尤其在搭接处，要求干燥、干净，更不能有油污、泥浆等，否则会严重影响焊接效果，造成接缝渗漏。如果采取机械固定的，应先行用射钉固定；若用胶黏结的，也需要先行黏结，留准搭接宽度。焊接时应先焊长边，后焊短边，否则一旦有微小偏差，长边很难调整。

热风焊接卷材防水施工工艺的关键是接缝焊接，焊接的参数是加热温度和时间，而加热的温度和时间与施工时的气候，如：温度、湿度、风力等有关。优良的焊接质量必须使用经培训并真正熟练掌握加热温度、时间的工人才能保证。温度低或加热时间过短，会形成假焊，焊接不牢。温度过高或加热时间过长，会烧焦或损伤卷材本身。当然漏焊、跳焊更是不允许的。

5. 热熔法铺贴卷材施工工艺

热熔法铺贴卷材施工工艺如下：

清理基层：剔除基层上的隆起异物，清除基层上的杂物，清扫干净尘土。

涂刷基层处理剂：高聚物改性沥青卷材施工，按产品说明书配套使用，基层处理剂应与铺贴的卷材料性相容。可将氯丁橡胶沥青胶黏剂加入工业汽油稀释，搅拌均匀，用长把滚刷均匀涂刷于基层表面上，常温经过 4 h 后开始铺贴卷材。

节点附加增强处理：待基层处理剂干燥后，按设计节点构造图做好节点（女儿墙、水落管、管根、檐口、阴阳角等细部）的附加增强处理。

定位、弹线：在基层上按规范要求，排布卷材，弹出基准线。

热熔铺贴卷材：按弹好的基准线位置，将卷材沥青膜底面朝下，对正粉线，点燃火焰喷枪（喷灯）对准卷材底面与基层的交接处，使卷材底面的沥青熔化。喷枪头距加热面 50 ~ 100 mm，与基层成 30° ~ 45° 角为宜。当烘烤到沥青熔化，卷材底有光泽并发黑，有一薄的熔层时，即用胶皮压辐压密实。这样边烘烤边推压，当端头只剩下 300 mm 左右时，将卷材翻放于隔热板上加热，同时加热基层表面，粘贴卷材并压实。

接缝黏结：搭接缝黏结之前，先熔烧下层卷材上表面搭接宽度内的防粘隔离层。处理时，操作者一手持烫板，一手持喷枪，使喷枪靠近烫板并距卷材 50 ~ 100 mm，边熔烧边沿搭接线后退。为防火焰烧伤卷材其他部位，烫板与喷枪应同步移动。处理完毕隔离层，即可进行接缝黏结。

蓄水试验：卷材铺贴完毕后24h，按要求进行检验。平屋面可采用蓄水试验，蓄水深度为20 mm，蓄水时间不宜少于72 h；坡屋面可采用淋水试验，持续淋水时间不少于2 h，屋面无渗漏和积水、排水系统通畅为合格。

6. 机械固定法铺贴卷材施工工艺

机械固定法铺贴卷材应符合下列规定：

固定件应与结构层连接牢固。

固定件间距应根据抗风揭试验和当地的使用环境与条件确定，并不宜大于600 mm。

卷材防水层周边800 mm范围内应满粘，卷材收头应采用金属压条钉压固定和做密封处理。

二、涂膜防水层施工

（一）涂膜防水层的基层要求

涂膜防水层基层应坚实平整，排水坡度应符合设计要求，否则会导致防水层积水；同时防水层施工前基层应干净，无孔隙、起砂和裂缝，以保证涂膜防水层与基层有较好的黏结强度。

溶剂型、热熔型和反应固化型防水涂料，涂膜防水层施工时，基层要求干燥，否则会导致防水层成膜后出现空鼓、起皮现象。水乳型或水泥基类防水涂料对基层的干燥度没有严格要求，但从成膜质量和涂膜防水层与基层黏结强度来考虑，干燥的基层比潮湿基层有利。基层处理剂的施工应符合规范规定。

（二）防水涂料配料

双组分或多组分防水涂料应按配合比准确计量，应采用电动机具搅拌均匀，已配制的涂料应及时使用。配料时可加入适量的缓凝剂或促凝剂调节固化时间，但不得将其加入已固化的涂料。

（三）涂膜防水的操作方法

涂膜防水的操作方法有涂刷法、涂刮法、喷涂法。

（四）涂膜防水层的施工工艺

1. 涂膜防水施工程序

施工工艺流程：施工准备工作→板缝处理及基层施工→基层检查及处理→涂刷基层处理剂→节点和特殊部位附加增强处理→涂布防水涂料，铺贴胎体增强材料→防水层清理与检查整修→保护层施工。

其中板缝处理和基层施工及检查处理是保证涂膜防水施工质量的基础，防水涂料的涂布和胎体增强材料的敷设是最主要和最关键的工序，这道工序的施工方法取决于涂料的性质和设计方法。

涂膜防水的施工与卷材防水层一样，也必须按照“先高后低，先远后近”的原则进行，即遇有高低跨的屋面，一般先涂布高跨屋面，后涂布低跨屋面。在相同高度的大面积屋面上，要合理划分施工段，施工段的交接处应尽量设在变形缝处，以便于操作和运输顺序的安排，在每段中要先涂布离上料点较远的部位，后涂布较近的部位。先涂布排水较集中的水落口、天沟、檐口，再往高处涂布至屋脊或天窗下。先做节点、附加层，然后再进行大面积涂布。一般涂布方向应顺屋脊方向，如有胎体增强材料时，涂布方向应与胎体增强材料的铺贴方向一致。

2. 防水涂料的涂布

根据防水涂料种类的不同，防水涂料可以采用涂刷、刮涂或机械喷涂的方法涂布。

涂布前应根据屋面面积、涂膜固化时间和施工速度估算好一次涂布用量，确定配料量，保证在固化干燥前用完，这一规定对于双组分反应固化型涂料尤为重要。已固化的涂料不能与未固化的涂料混合使用，否则会降低防水涂膜的质量。涂布的遍数应按设计要求的厚度事先通过试验确定，以便控制每遍涂料的涂布厚度和总厚度。胎体增强材料上层的涂布不少于两遍。

涂料涂布应分条或按顺序进行。分条进行时，每条的宽度应与胎体增强材料的宽度相一致，以免操作人员踩踏刚涂好的涂层。每次涂布前应仔细检查前遍涂层是否有缺陷，如：气泡、露底、漏刷、胎体增强材料皱褶、翘边、杂物混入等现象，如发现上述问题，应先进行修补，再涂布后遍涂层。立面部位涂层应在平面涂布前进行，而且应采用多次薄层涂布，尤其是流平性好的涂料，否则会产生流坠现象，使上部涂层变薄，下部涂层增厚，影响防水性能。

3. 胎体增强材料的敷设

胎体增强材料的敷设方向与屋面坡度有关。屋面坡度小于 3 ∶ 20 时可平行屋脊敷设；屋面坡度大于 3 ∶ 20 时，为防止胎体增强材料下滑，应垂直屋脊敷设。敷设时由屋面最低标高处开始向上操作，使胎体增强材料搭接顺流水方向，避免呛水。

胎体增强材料搭接时，其长边搭接宽度不得小于 50 mm，短边搭接宽度不得小于 70 mm。采用两层胎体增强材料时，由于胎体增强材料的纵向和横向延伸率不同，因此上下层胎体应同方向敷设，使两层胎体材料有一致的延伸性。上下层的搭接缝还应错开，其间距不得小于 1/3 幅宽，以免产生重缝。

胎体增强材料的敷设可采用湿铺法或干铺法施工。当涂料的渗透性较差或胎体增强材料比较密实时，宜采用湿铺法施工，以便涂料可以很好地浸润胎体增强材料。铺贴好的胎体增强材料不得有皱褶、翘边、空鼓等缺陷，也不得有露白现象。铺贴时切忌拉伸过紧，刮平时也不能用力过大，敷设后应严格检查表面是否有缺陷或搭接不足问题，否则应进行修补后才能进行下一道工序的施工。

4. 细部节点的附加增强处理

屋面细部节点，如：天沟、檐沟、檐口、泛水、出屋面管道根部、阴阳角和防水层收头等部位，均应加铺有胎体增强材料的附加层。一般先涂刷 1 ~ 2 遍涂料，铺贴裁剪好的胎体增强材料，使其贴实、平整，干燥后再涂刷一遍涂料。

三、接缝密封防水施工

（一）密封防水部位的基层

密封防水部位的基层应符合下列规定：

密封防水部位的基层应牢固，表面应平整、密实，不得有裂缝、蜂窝、麻面、起皮和起砂等现象；

密封防水部位的基层应清洁、干燥，应无油污、无灰尘；

入的背衬材料与接缝壁间不得留有空隙；

密封防水部位的基层宜涂刷基层处理剂，涂刷应均匀，不得漏涂。

（二）施工准备及施工工艺

1. 施工机具

根据密封材料的种类、施工方法选用施工机具。

2. 缝槽要求

缝槽应清洁、干燥，表面应密实、牢固、平整，否则应予以清洗和修整。

用直尺检查接缝的宽度和深度，必须符合设计要求。

3. 施工工艺

施工工艺流程：嵌填背衬材料→敷设防污条→刷涂基层处理剂→嵌填密封材料→保护层施工。其施工要点如下：

填背衬材料。先将背衬材料加工成与接缝宽度和深度相符合的形状（或选购多种规格），然后将其压入接缝里。

敷设防污条，防污条粘贴要成直线，保持密封膏线条美观。

刷涂基层处理剂，单组分基层处理剂摇匀后即可使用。双组分基层处理剂需按产品说明书配比，用机械搅拌均匀，一般搅拌 10 min。用刷子将接缝周边涂刷薄薄的一层，要求刷匀，不得漏涂和出现气泡、斑点，表干后应立即嵌填密封材料，表干时间一般为 20 ~ 60 min，如超过 24 小时应重新涂刷。

嵌填密封材料，密封材料的嵌填按施工方法分为热灌法和冷嵌法两种。热灌时应从低处开始向上连续进行，先灌垂直屋脊板缝，遇纵横交叉时，应向平行屋脊的板缝两端各延伸 150 mm，并留成斜槎。灌缝一般宜分两次进行，第一次先灌缝深的 1/3 ~ 1/2，用竹片或木片将油膏沿缝两边反复搓擦，使之不露白槎，第二次灌满并略高于板面和板缝两侧各 20 mm。密封材料在嵌填完毕但未干前，用刮刀用力将其压平与修整，并立即揭去遮挡条，养护 2 ~ 3 d，养护期间不得碰损或污染密封材料。

保护层施工，密封材料表干后，按设计要求做保护层；如无设计要求，可用密封材料稀释做“一布二涂”的涂膜保护层，宽度为 200 ~ 300 mm。

第四节 细部构造

一、基础知识

（一）适用范围

细部构造做法适用于檐口语、檐沟和天沟、女儿墙和山墙、水落口、变形缝、伸出屋面管道、屋面出入口、反梁过水孔、设施基座、屋脊、屋面窗等分项工程。

（二）屋面防水工程施工要点

屋面防水工程是房屋建筑中的一项功能质量保证工程。随着基本建设事业的高速发展，新型防水材料不断产生，防水施工技术水平在不断提高。目前国家颁布、实施相关施工技术规程、标准图集等，为提高屋面防水工程施工质量提供了管理依据。但在屋面防水工程施工中，由于没有全面贯彻执行标准规范的规定或维护保养不当，导致屋面工程漏水的质问题仍有发生，不仅影响房屋建筑的使用功能、使用寿命及结构安全，也增加工建设单位与用户之间的纠纷和冲突。屋面防水工程质量问题产生的主要原因是施工材料把关不严、施工方案考虑不周、施工管理不到位、施工工序有误等。因此，提高屋面防水施工质量水平，消除渗漏质量通病，必须贯彻综合控制的原则，对施工涉及的各种因素全面考虑。

1. 屋面防水工程施工前期工作

（1）认真落实设计交底和图纸会审

施工方、监理方技术人员应充分了解防水工程施工特点、设计意图和工艺与材料质量要求；明白设计中涉及防水的有关问题，如：防水材料性能及做法，防水构造及其对保证质量的措施，后浇带、沉降缝等结构设置位置，设计图纸遗漏及未明确的内容；通过设计交底和图纸会审明确施工内容，从而方便施工，保证施工质量。由于设计交底和图纸会审大多在项目工程开工前集中进行，而屋面防水工程在结构工程完成后进行，可能存在屋面结构变更，故必要时可组织第二次屋面防水专业图纸会审。

（2）严格审查施工组织设计（方案）

施工组织设计（方案）是指导施工的技术文件，应重点审查其质量目标是否有保证，质地保证体系是否满足要求，防水材料选择是否符合设计和技术标准，材料质量检验和复试是否满足规定要求，材料运输保管是否符合规定，防水基层处理及验收标准、施工工艺、工序及措施是否可靠，防水节点做法、施工工序交叉衔接及成品保护措施是否可行，计划安排是否妥当等。

（3）严格审查施工单位或分包单位资格

随着新技术、新工艺、新材料的推广应用，屋面防水新材料不断更新。屋面防水工程除了通过工程承包企业完成外，实行专业分包也比较普遍，但实际工作都是通过一线施工操作人员来实现的。因此，对施工单位资质审查时要严格审查其施工经验、技术水平、施工组织管理能力和社会信誉、专业人员素质及在施工工艺、新技术、新工艺施工方面的能力。对于承包单位选择的几家符合资质要求的分包单位，需经过在场考察、询问建设单位，通过比选后综合评定。

（4）做好防水材料验收，严把材料进场关

防水材料进场前，监理工程师应认真检查出厂合格证、质量保证书、特性等，各项技术指标均应符合要求；保证产品必须具有国家有关部门出具的使用认证，认证资料齐全。防水材料使用前采用随机抽样进行抽检和复检，合格后报经监理工程师审批后方可使用。施工现场应避免出现施工单位和供货商对进场材料弄虚作假、以假乱真、以次充好等现象。

（5）主体结构验收与交接控制

在主体结构验收时，注重楼顶板、女儿墙、顶板预留孔洞的检查、测验。往往由于楼顶板上下不便而存在检查、管理不到位的现象，从而出现楼顶板表面粗糙有裂缝、孔洞尺寸偏大，混凝七构造柱、女儿墙砌体养护不到位等质量问题。监理工程师应加强控制，对不符合质量标准要求的内容应下发监理工程师通知单进行整改，监督施工单位对分部工程进行交接。

2. 屋面防水工程施工质量控制要点

（1）屋面基层及环境条件的质量控制

屋面防水施工要保证其质量，必须从屋面各构造层做起。无论采用何种防水材料，都要求基层表面达到清洁、干燥、施工温度适合的条件，不得有疏松、起砂现象。此外，隔气层应涂刷均匀，不见白露底；保温层按设计要求铺筑，准确控制坡度，保证排水顺畅；找平层施工前应做标高基准点标志，经监理校核；与突出屋面结构的连接部位转角处做成半径为 100 ~ 150mm 的弧形，按规范留设 20mm 宽的分格缝，并嵌填柔性防水材料；为保护卷材铺贴质量，找平层上应做一道基层处理剂。

（2）施工工序过程质量监控

对于防水基层、防水层各层次的施工，应制定好各道防水施工前的验收制度，严格按隐蔽工程验收程序组织验收，在重点工序和重点部位做好旁站监理；严格检查各项技术资料是否符合标准要求，重视施工技术资料的收集，做好监理门志、旁站记录及隐蔽工程验收记录时推行样板引路的方法，以进一步完善施工组织设计（方案），做到有效控制。

（3）加强细部构造的质量控制

屋面变形缝、后浇带、穿墙管、女儿墙体、水落口等与底板接板接茬处是容易造成屋而渗漏的重要部位。这些部位的施工质量是监理工作的重点，必须采取主动控制、动态管理与旁站相结合的方法。在浇筑混凝土前需对变形缝处止水带、后浇带处模板、穿墙管的固定等认真检查验收。屋面防水施工时，要先做好节点、附加层和屋面排水较集中部位的处理，然后由屋面最低标高处向上施工对搭接、粘贴顺序、搭接长度、宽度，女儿墙泛水高度、压边处理等均进行检查验收，以确保细部构造的防水质量。

3. 屋面渗漏主要防范措施

（1）按图施工是保证屋面工程质量的前提施工，单位必须按照工程设计图纸和施工技术标准施工，不得擅自修改屋面工程设计，不得偷工减料。若在施工过程中发现设计文件和图纸有差错，施工单位应及时提出意见和建议。

（2）根据中华人民共和国住房和城乡建设部的相关规定、国家相关标准。设计图纸的要求选择建筑防水材料。要大力发展弹性体（SBS）、塑性体（APP）防水卷材，积极推广高分子防水卷材，努力发展环保型防水涂料，限制发展和使用聚乙烯丙纶复合防水卷材和石油沥点纸胎油毡，淘汰焦油类防水材料和高碱玻纤制成的复合胎基材料等。

（3）施工单位必须建立健全的施工质量检轮制度，严格工序管理，做好隐蔽工程的质量检查记录。屋面工程每道工序施工后均应采取相应的保护措施。因此，工序检查是保证屋面工程施工质量的关键。

（4）施工单位应具备相应的资质，并应建立质量管理体系。施工单位应编制屋面工程专项施工方案，并应经过审查批准。施工单位应按相关的施工工艺标准和经审定的施工方案施工，并应对施工全过程实行质量控制，因此，过程控制是保证屋面工程施工质量的措施。

（5）认真学习国家标准，并在工程实践中认真贯彻和执行。

（6）加大对建筑防水工程验收的监控力度，不符合相关规范规定的防水工程一律不得竣工验收。

（7）把防水工程从土建工程中分离出来，进行独立的系统承包，并在总体设计原则下，依据规范因地制宜地对防水工程进行二次（细化）设计，确保防水工程质量。

（8）严格执行防水工程质量保修制，积极推行防水工程质量保证期制度，并在防水工程中引入保险机制。

（9）树立“按图施工、材料检验、工序检查、过程控制、质量验收”的思想，坚持按程序、按规范、按合同进行科学管理；以“严格监理与热情服务相结合”为原则，主动协调和处理好监理与各方的关系。

总体上讲，防止屋面渗漏，设计是前提，材料是基础，施工是关键，维修管理是保证。只有严把材料关，精心设计、精心施工才能保证屋面防水的工程质量。

细部构造设计应做到多道设防、复合用材、连续密封、局部增强，并应满足使用功能、温差变形、施工环境条件和可操作性等要求。细部构造所用密封材料的选择应符合相应规范的要求。此外，檐口、檐沟外侧下端及女儿墙压顶内侧下端等部位均应做滴水处理，滴水槽宽度和深度不宜小于10mm。

第七章 装饰工程施工技术

第一节 墙面抹灰

抹灰是将各种砂浆、装饰性石屑浆、石子浆涂抹在建筑物的墙而、顶棚、地面等表面上，除了保护建筑物外，还可以起到装饰作用。

抹灰工程按使用材料和装饰效果分为一般抹灰和装饰抹灰。一般抹灰适用于石灰砂浆、水泥砂浆、混合砂浆、聚合物水泥砂浆、膨胀珍珠岩水泥砂浆、麻刀灰、纸筋灰、石膏灰等抹灰工程。装面抹灰的底层和中层与一般抹灰做法基本相同，其面层主要有水刷石、水磨石、斩假石、干粘石、喷涂、滚涂、弹涂、仿石和彩色抹灰等。

一、一般抹灰施工

一般抹灰层由底层、中层和面层组成。底层主要起与基层（基体）粘结作用，中层主要起找平作用，面层主要起装饰美化作用。各层砂浆的强度等级应为底层＞中层＞面层。

（一）一般抹灰的厚度要求

1. 抹灰层平均总厚度

（1）顶棚：板条、现浇混凝土和空心砖抹灰为 15 mm；预制混凝土抹灰为 18 mm；金属网抹灰为 20 mm。

（2）内墙：普通抹灰两遍做法（一层底层，一层面层）为 18 mm；普通抹灰三遍做法（一层底层，一层中层，一层面层）为 20 mm；高级抹灰为 25 mm；

（3）外墙抹灰为 20 mm，勒脚及突出墙面部分抹灰为 25 mm。

（4）石墙抹灰为 35 mm。

控制抹灰层平均总厚度主要是为了防止抹灰层脱落。

2. 抹灰层每遍厚度

抹灰工程一般应分遍进行，以便粘结牢固，并能起到找平和保证质量的作用。如果一层抹得太厚，由于内外收水快慢不同，抹灰层容易开裂，甚至鼓起脱落。每遍抹灰厚度一般控制如下：

（1）抹水泥砂浆每遍厚度为 5 ～ 7 mm。

（2）抹石灰砂浆或混合砂浆每遍厚度为 7 ～ 9 mm。

（3）抹灰面层用麻刀灰、纸筋灰、石膏灰、粉刷石膏等罩面时，经赶平、压实后，其厚度麻刀灰不大于 3 mm，纸筋灰、石膏灰不大于 2 mm，粉刷时间不受限制。

（4）混凝上内墙面和楼板平整光滑的底面，可用腻子分遍刮平，总厚度为 2 ～ 3mm

（5）板条、金属网用麻刀灰、纸筋灰抹灰的每遍厚度为 3 ～ 6mm。

水泥砂浆和水泥混合砂浆的抹灰层，应待前一层抹灰层凝结后，方可涂抹后一层；石灰砂浆抹灰层，应待前一层七至八成干后，方可涂抹后一层。

（二）一般抹灰的分类

一般抹灰根据质量要求分为高级抹灰和普通抹灰。

（三）一般抹灰的材料要求

1. 水泥

抹灰常用的水泥为不小于 PO32.5 级的普通硅酸盐水泥、矿渣硅酸盐水泥。水泥的品种、强度等级应符合设计要求。出厂三个月的水泥，应经试验合格后方能使用，受潮后结块的水泥应过筛试验后使用。水泥体积的安定性必须合格。

2. 石灰膏和磨细生石灰粉

块状生石灰必须熟化成石灰膏才能使用，在常温下，熟化时间不应少于 15 d；用于罩面的石灰膏，在常温下，熟化的时间不得少于 30 d。

块状生石灰碾碎磨细后的成品，即为磨细生石灰粉。罩面用的磨细生石灰粉的熟化时间不得少于 3L 使用磨细生石灰粉粉饰，不仅具有节约石灰、适合冬季施工的优点，而且粉饰后不易出现膨胀、膨皮等现象。

3. 石膏

抹灰用石膏，一般用于高级抹灰或抹灰龟裂的补平。宜采用乙级建筑石膏，使用时磨成细粉（无杂质），细度要求通过 0.15 mm 筛孔，筛余最不大于 10%，

4. 粉煤灰

粉煤灰作为抹灰掺和料，可以节约水泥，提高水泥和易性。

5. 粉刷石育

粉刷石膏是以建筑石膏粉为基料，加入多种添加剂和壤充料等配制而成的一种白色粉料，是一种新型装饰材料。常见的有面层粉刷石膏、基层粉刷石膏、保温层粉刷石膏等。

6. 砂

抹灰用砂最好是中砂或粗砂勺中砂掺用。可以用细砂，但不宜用特细砂。抹灰用砂要求颗粒坚硬、洁净，使用前需要过筛（筛孔不大于 5 mm），不得含有黏土（不超过 2%）、草根、树叶及其他有机物等有害杂质。

7. 麻刀、纸筋、稻草、玻璃纤维

麻刀、纸筋、稻草、玻璃纤维在抹灰层中起拉结和骨架作用，可提高抹灰层的抗拉强度，增加抹灰层的弹性和耐久性，使抹灰层不易开裂脱落。

（四）一般抹灰基体表面处理

抹灰工程施工前，必须对基体表面作适当的处理，使其坚实粗糙，以增强抹灰层的粘结强度。

1. 将砖、混凝土、加气混凝土等基层表面的灰尘、污垢和油渍等清除干净，并洒水湿润。

2. 光滑的石面或混凝土墙面应凿毛，或刷一道纯水泥浆以增强粘结力。

3. 检查门窗框安装位置是否正确，与墙体连接是否牢固，连接处的缝隙应用水泥砂浆或水泥混合砂浆或掺少量麻刀的砂浆分层嵌塞密实。

4. 墙上的施工孔洞及管道线路穿越的孔洞应填平密实。

5. 室内墙面、柱面的阳角，宜先用 1 ∶ 2 水泥砂浆做护角，其高度不应低于 2 m，每侧宽度不小于 50 mm。

6. 不同材料交接处的基体表面抹灰，应采取防止开裂的加强措施，在不同结构基层交接处（如砖墙、混凝土墙的连接）应先铺钉一层金属网或丝

绸纤维布，其每边搭接宽度不应小于 100 mm。

7. 检查基体表面平整度，对凹槽过大的部位应凿补平整。

（五）内墙一般抹灰

内墙一般抹灰的工艺流程为：基体表面处理→浇水润墙→设置标筋→阳角做护角→抹底层、中层灰→窗台板、踢脚板或墙裙→抹面层灰→清理。

1. 基体表面处理

为使抹灰砂浆与基体表面粘结牢固，防止抹灰层空鼓、脱落，抹灰前应对基体表面的灰尘、污垢、油渍、筋膜、跌落砂浆等进行清除。墙面上的孔洞、剔槽等用水泥砂浆进行填嵌。门窗框与墙体交接处缝隙应用水泥砂浆或水泥混合砂浆分层嵌堵。

不同材质的基体表面应作相应处理，以增强其抹灰砂浆之间的粘结强度。木结构与砖石砌体、混凝土结构等相接处，应先铺设金属网并绷紧，金属网与各岸体间的搭接宽度每侧不应小于 100 mm。

2. 设置标筋

为有效控制抹灰厚度，特别是保证墙面垂直度和整体平整度，在抹底层、中层灰前应设置标筋作为抹灰的依据。

设置标筋即找规矩，分为做灰饼和做标筋两个步骤。

做灰饼前应先确定灰饼的厚度。先用托线板和靠尺检查整个墙面的平整度和垂直度，根据检查结果确定灰饼的厚度，一般最薄处不应小于 7 mm，先在墙面距地面 1.5 m 左右的高度、距两边阴角 100 ~ 200mm 处，按所确定的灰饼厚度用抹灰基层砂浆各做一个 50 mm × 50 mm 的矩形灰饼，然后用托线板或线锤在此灰饼面吊挂垂直，做上下对应的两个灰饼。上方和下方的灰饼应距顶棚和地面 150 ~ 200 mm，其中下方的灰饼应在踢脚板上口以 1.0 随后在墙面上方和下方左右两个对应灰饼之间，将钉子钉在灰饼外侧的墙缝内，以灰饼为准，在钉子间拉水平横线，沿线每隔 1.2 ~ 1.5 m 补做灰饼。

标筋是以灰饼为准在灰饼间所做的灰埋，是抹灰平面的基准。具体做法是用与底层抹灰相同的砂浆在上下两个灰饼间先抹一层，再抹第二层，形成宽度为 100 mm 左右、厚度比灰饼高出 10 mm 左右的灰埋，然后用木杠紧贴灰饼搓动，宜至把标筋搓得与灰饼齐平为止。最后将标筋两边用刮尺修成斜面，以便与抹灰面接槎顺平。标筋的另一种做法是采用横向水平标筋。

此种做法与垂直标筋相同。同一墙面的上下水平标筋应在同一垂直面内。标筋通过阴角时，可用带垂球的阴角尺上下搓动，直至上下两条标筋形成相同且角顶在同一垂线上的阴角。阳角可用长阳角尺在上下标筋的阳角处搓动，形成角顶在同一垂线上的标筋阳角。水平标筋的优点是可保证墙体在阴、阳转角处的交线顺直，并垂直于地面，避免出现阴、阳交线扭曲的弊病。同时水平标筋通过门窗慑，有标筋控制，墙面与框面可接合平整。

3. 做护角

为保护墙面转角处不易碰撞损坏，应在室内抹面的门窗洞口及墙角、柱面的阳角处做水泥砂浆护角。护角高度一般不低于 2 m，门侧宽度不小于 50 mm，具体做法是先将阳角用方尺规方，靠门框一边以门框离墙的空隙为准，另一边以墙面灰饼厚度为依据。最好在地面上画好准线，按准线用砂浆粘好靠尺板，用托线板吊直，拐尺找方。在靠尺板的另一边墙角分层抹 1 ∶ 2 水泥砂浆，使之与靠尺板的外口平齐。然后把靠尺板移动至已抹好护角的一边，用钢筋卡子卡住，用托线板吊直靠尺板，把护角的另一面分层抹好。取下靠尺板，待砂浆稍干时，用阳角抹子和水泥素浆捋出护角的小圆角，最后用靠尺板沿顺直方向留出预定宽度，将多余砂浆切出 40° 斜面，以便抹面时与护角接槎。

4. 抹底层、中层灰

待标筋有一定强度后，即可在两标筋间用力抹底层灰，用木抹子压实搓毛。待底层灰收水后，即可抹中层灰，抹灰厚度应略高于标筋。中层抹灰后，随即用木杠沿标筋刮平，不平处补抹砂浆，然后再刮，直至墙面平直为止。紧接着用木抹子搓压，以便表面平整密实。阴角处先用方尺上下核对方正（横向水平标筋可免去此步），然后用阴角器上下抽动扯平，使室内四角方正。

5. 抹面层灰

待中层灰七八成干时，即可抹面层灰。一般从阴角或阳角处开始，自左向右进行。一人在前抹面灰，另一人随后找平整，并用铁抹了赶光，阴、阳角处用阴、阳角抹子捋光，并用毛槲施水将门窗圆角等处刷干净。高级抹灰的阳角必须用拐尺找方。

（六）外墙般抹灰

外墙一般抹灰的工艺流程为：基体表面处理→浇水润墙→设置标筋→

抹底层、中层灰→弹分格线、嵌分格条→抹面层灰→拆除分格条→养护。

外墙抹灰的做法与内墙抹灰大部分相似，下面只介绍其特殊的几点。

1. 抹灰顺序

外墙抹灰应先上部后下部，先檐口再墙面。大面积的外墙可分块同时施工。

高层建筑的外墙面可在垂直方向适当分段，如一次抹完有困难，可在阴、阳角交接处或分格线处间断施工。

2. 嵌分格条、抹面层灰及分格条的拆除

待中层灰六成干后，按要求弹分格线分格条为梯形截面，浸水湿润后两侧用黏稠的素水泥浆与墙面抹成45° 角粘结。嵌分格条时，应注意横平竖直，接头平直。如当天不抹面层灰，分格条两边的素水泥浆应与墙面抹成60° 角。

面层灰应抹得比分格条略高一些，然后用刮杠刮平，紧接着用木抹子搓平，待稍干后再用刮杠刮一遍，用木抹子搓磨成平整、粗糙、均匀的表面。

面层抹好后即可拆除分格条，并用素水泥浆把分格缝勾平整。

（七）顶棚一般抹灰

顶棚抹灰一般不设賞标筋，只需按抹灰层的厚度在墙面四周弹出水平线作为控制抹灰层厚度的基准线。若基层为混凝土，则需在抹灰前在基层上用掺10%的107胶的水溶液或水灰比为0.4的素水泥浆刷一遍作为结合层。抹底层灰的方向应与楼板及木模板木纹方向垂直。抹中层灰后用木刮尺刮平，再用木抹子搓平。面层灰宜两遍成活，两道抹灰方向垂直，抹完后按同一方向抹压赶光。顶棚的高级抹灰应加钉长350 ~ 450 mm的麻束，间距为400 mm，并交错布置，分别按放射状梳理抹进中层灰浆内。

（八）一般抹灰的质量要求

1. 一般抹灰工程的表面质量要求

（1）普通抹灰表面应光滑、洁净、接槎平整，分格缝应清晰；

（2）高级抹灰表面应光滑，洁净、颜色均匀、无抹纹，分格缝和灰线应清晰美观。

2. 护角、孔洞、槽、盒周围的抹灰表面应整齐、光滑，管道后面的抹灰表面应平整。

3. 抹灰层的总厚度应符合设计要求；水泥砂浆不得抹在石灰砂浆层上；罩面石膏灰不得抹在水泥砂浆层上。

4. 抹灰分格缝的设置：应符合设计要求，宽度和深度应均匀，表面应光滑，棱角应整齐。

5. 有排水要求的部位应做滴水线（槽）。滴水线（槽）应整齐顺直，滴水线应内高外低，滴水槽的宽度和深度均不应小于 10mm。

二、装饰抹灰施工

装饰抹灰与一般抹灰的主要区别为：二者具有不同的装饰面层，底层、中层相同。

（一）水刷石施工

常用于外墙面的装饰，也用于檐门、腰线、宙楣、门窗套柱等部位。

质量要求：石粉清晰，分布均匀，紧密平整，色泽一致，不得有掉粒和接槎痕迹。

（二）干粘石施工（同水刷石）

程序：基层处理—弹线嵌条—抹粘结层—撒石子—压石子。

（三）斩假石施工

在抹灰面层上做到槽缝有规律，做成像石头砌成的墙面。

分块弹线，嵌分格条，刷素水泥浆；

水泥石屑砂浆分两次抹；

打磨压实，开斩前试斩，边角斩线水平，中间部分垂直。

（四）拉毛灰（用水泥石灰砂浆或水泥纸筋灰浆做成）

拉毛：铁抹子轻压，顺势轻轻拉起。

搭毛：猪鬃刷蘸灰浆垂直于墙面，并随毛拉起，形成毛面。

洒毛：竹丝带蘸灰浆均匀洒于墙面。

（五）聚合物水泥砂浆装饰施工

聚合物水泥砂浆是在水泥砂浆中加入一定的聚乙烯醇缩甲醛胶（或 107 胶）、颜料、石膏等材料形成的，喷涂、弹涂、滚涂是聚合物水泥砂浆装饰外墙面的施工办法。

1. 喷涂外墙饰面

喷涂外墙饰面是用空气压缩机将聚合物水泥砂浆喷涂在墙面底子灰上

形成饰面层。

2. 弹涂外墙饰面

弹涂外墙饰面是在墙体表面刷一道聚合物水泥砂浆后，用弹涂器分几遍将不同色彩的聚合物水泥砂浆弹在已涂刷的涂层上，形成 3 ~ 5 mm 大小的扁圆形花点，再喷甲基硅醇钠增水剂形成的饰面层。

3. 滚涂外墙饰面

滚涂外墙饰面是利用辐子滚拉将聚合物水泥砂浆等材料在墙面底子灰上形成饰面层。

（六）水磨石施工

现制水磨石一般适用于地面施工，墙面水磨石通常采用水磨石预制贴面板镶贴。

地面现制水磨石的施工工艺流程为：基层处理—抹底层、中层灰—弹线，镶嵌条—抹面层石子浆—水磨面层—涂草酸磨洗—打蜡上光。

1. 弹线，镶嵌条

在中层灰验收合格后 24 h，即可弹线并镶嵌条。嵌条可采用玻璃条或铜条。锻嵌条时，先用靠尺板（与分格线对齐）将嵌条压好，然后把嵌条与靠尺板贴紧，用索水泥浆在嵌条一侧根部抹成八字形灰坡，其灰浆顶部比眼条顶部低 3 mm 左右。然后取下靠尺板，在嵌条另一侧抹上对称的灰坡。

2. 抹面层石子浆

将段条稳定好，浇水养护 5d 后，抹面层石子浆。具体操作为：清除地面积水和浮灰，接着刷素水泥浆一遍，然后铺设面层水泥石子浆，铺设厚度高于段条铺完后，在表面均匀撒一层石粒，用滚筒压实，待出浆后，用抹子抹平，24 h 后开始养护。

3. 磨光

开磨时间以石粒不松动为准。通常磨 4 遍，使其嵌条外露，第一遍磨后将泥浆冲洗干净，稍干后抹同色水泥浆，养护 2 ~ 3d。第二遍用 100 ~ 150 号金刚砂洒水后磨至表面平滑，用水冲洗后养护 2d。第三遍用 180-240 号金刚砂或油石洒水后磨至表面光亮，用水冲洗擦干、第四遍在表面涂擦草酸溶液（草酸溶液质量比为热水：草酸 =1 ：0.35，冷却后备用），再用 280 号油石细磨，宜至磨出白浆为止。冲洗后晾干，待地面干燥后打蜡。水磨石的外观质量要求为：表面平整、光滑，石子显露均匀，不得有砂眼、磨纹和漏磨，嵌条位置准确，全部露出。

第二节 饰面工程

饰面工程是指将块料面层镶贴（或安装）在墙、柱表面从而形成装饰层。块料面层基本可分为饰面砖和饰面板两大类。

一、外墙面砖施工

（一）工艺流程

基层处理—吊垂直、套方、找规矩—贴灰饼—抹底层砂浆—弹分格线—排砖—浸砖—镶贴面砖—面砖勾缝与擦缝。

（二）工艺艺要点

1. 基层处理

首先将凸出墙面的混凝土剔平，大钢模施工的混凝土墙面应凿毛，并用钢丝刷满刷一遍，再浇水湿润。如果基层混凝土表面很光滑，亦可采取“毛化处理”办法，即先将表面尘土、污垢清扫干净，用10% 火碱水将板面的油污刷掉，随之用净水将碱液冲净，晾干板面，然后将1 ：1 水泥细砂浆内掺20% 的108 胶喷或用笤帚甩到墙上，甩点要均匀，终凝后浇水养护，直至水泥砂浆疙瘩全部粘到混凝土光面上，并有较高的强度为止。

2. 吊垂直、套方、找规矩、贴灰饼

建筑物为高层时，应在四大角和门窗口边用经纬仪打垂直线找直。

3. 抹底层砂浆

先刷一道掺10% 的108 胶的水泥素浆，紧跟着分层分遍抹底层砂浆（常温时采用配合比为1 ：3 的水泥砂浆），第一遍厚度约为5 mm，抹后用木抹子搓平，隔天浇水养护；待第一遍六七成干时，即可抹第二遍，厚度8 ~ 12 mm，随即用木杠刮平、木抹子搓毛，隔天浇水养护；若需要抹第三遍，其操作方法同第二遍，直至把底层砂浆抹平为止。

4. 弹分格线

待基层灰六七成干时，即可按图纸要求进行分段分格弹线，同时可进行面层贴标准点的工作，以控制面层出墙尺寸及垂直度、平整度。

5. 排砖

根据大样图及墙面尺寸横竖向排砖，以保证面砖缝隙均匀，符合设计图纸要求，注意大墙面、通天柱子和垛子要排整砖，同一墙面上的横竖排列均不得有一行以上的非整砖。非整砖行应排在次要部位，如：窗间、墙或阴角处等，但亦要注意一致和对称。如遇有突出的事件，应用整砖套割吻合，不得用非整砖随意拼凑镶贴。

6. 浸砖

外墙面砖镶贴前，首先要将面砖清扫干净，放入净水中浸泡 2h 以上，取出待表面晾干或擦干净后方可使用。

7. 镶贴面砖

镶贴应自下而上进行。高层建筑采取措施后，可分段进行。在每一分段或分块内的面砖，均应自下而上镶贴。从最下一层砖下皮的位置线稳好靠尺，以此托住第一皮面砖。在面砖外皮上口拉水平通线，作为镶贴的标准。

面砖背面可采用 1 ： 2 水泥砂浆或 1 ： 0.2 ： 2= 水泥 ：白灰膏 ：砂的混合砂浆镶贴，砂浆厚度为 6 ~ 10 mm，贴砖后用灰铲柄轻轻敲打，使之附线，再用钢片开刀调整竖缝，并用小杠通过标准点调整平面和垂直度。

另外一种做法是，用 1 ： 1 水泥砂浆加 20% 的 108 胶，在砖背面抹 3 ~ 4 mm 厚粘贴即可。但这种做法基层灰必须抹得平整，而且砂子必须用窗纱筛后方可使用。还也可用胶粉来粘贴面砖，其厚度为 2 ~ 3 mm，采用此种做法基层灰必须更平整。如要求面砖拉缝镶贴时，面砖之间的水平缝宽度用米厘条控制，米厘条贴在已镶贴好的面砖上口，为保证平整，可临时加垫小木楔。

女儿墙压顶、窗台、腰线等部位平面镶贴面砖时，除流水坡度符合设计要求外，应采取平面面砖压立面面砖的做法，预防向内渗水，引起空裂；同时还应采取立面中最低一排面砖必须压底平面面砖，并低出底平面面砖 3 ~ 5 mm 的做法，起滴水线的作用，防止尿檐而引起空裂。

8. 面砖勾缝与擦缝

面砖铺贴拉缝时，用 1 ： 1 水泥砂浆勾缝，先勾水平缝再勾竖缝，勾好后要求凹进面砖外表面 2 ~ 3 mm。若横竖缝为干挤缝，或小于 3 mm，应用白水泥配颜料进行擦缝处理。面砖缝子勾完后，用布或棉丝蘸稀盐酸擦洗干净。

二、大理石板、花岗石板、青石板等饰面板的安装

(一)小规格饰面板的安装

小规格大理石板、花岗石板、青石板，板材尺寸小于 300 mm × 300 mm，板厚 8 ~ 12 mm，粘贴高度低于 1 m 的踢脚线板、勒脚、窗台板等，可采用水泥砂浆粘贴的方法安装。施工中常用的粘贴法有碎拼大理石、踢脚线粘贴、窗台板安装等。

(二)湿法铺贴工艺

湿法铺贴工艺适用于板材厚 20 ~ 30 mm 的大理石板、花岗石板或预制水磨石板，墙体为砖墙或混凝土墙。湿法铺贴工艺是传统的铺贴方法，即在竖向基体上预挂钢筋网，用铜丝或镀锌钢丝绑扎板材并灌水泥砂浆粘牢。这种方法的优点是牢固可靠；缺点是工序繁琐，卡箍多样，板材上钻孔易损坏，特别是灌注砂浆易污染板面和使板材移位。

(三)干挂法

1. 板材切割

按照设计图纸要求在施工现场切割板材，由于板块规格较大，宜采用石材切割机切割，注意保持板块边角的挺直和规矩。

2. 磨边

板材切割后，为使其边角光滑，可采用手提式磨光机进行打磨。

3. 钻孔

相邻板块采用不锈钢销钉连接固定，销钉插在板材侧面孔内。孔径 5 mm，深度 12 mm，用电钻打孔。钻孔关系到板材的安装精度，因而要求位置准确。

4. 开槽

大规格石板的自重大，除了由钢扣件将板块下口托牢以外，还需在板块中部开槽设置承托扣件以支承板材的自重。

5. 涂防水剂

在板材背面涂刷一层丙烯酸防水涂料，以增强外饰面的防水性能。

6. 墙面修整

混凝土外墙表面有局部凸出处影响扣件安装时，必须凿平修整。

7. 弹线

从结构中引出楼面标高和轴线位置，在墙面上弹出安装板材的水平和垂直控制线，并做出灰饼以控制板材安装的平整度。

8. 墙面涂刷防水剂

由于板材与混凝土墙身之间不填充砂浆，为了防止因材料性能或施工质量可能造成的渗漏，因而要在外墙面上涂刷一层防水剂，以增强外墙的防水性能。

9. 板材安装

安装板块的顺序是自下而上，在墙面最下一排板材安装位置的上下口拉两条水平控制线，板材从中间或墙面阳角开始安装。先安装好第一块作为基准，其平整度以事先设置的灰饼为依据，用线垂吊直，经校准后加以固定。一排板材安装完毕，再进行上一排扣件固定和安装。板材安装要求四角平整，纵横对缝。

三、金属饰面板施工

（一）彩色压型钢板复合墙板

彩色压型钢板复合墙板的安装，是用吊挂件把板材挂在墙身檩条上，再把吊挂件与檩条焊牢；板与板之间连接，水平缝为搭接缝，竖缝为企口缝。所有接缝处，除用超细坡璃棉塞缝外，还需用攻螺钉钉牢，钉距为200 mm。门窗洞口、管道穿墙及墙面端头处，墙板均为异型复合墙板，压型钢板与保温材料按设计规定尺寸进行裁割，然后按照标准板的做法进行组装。女儿墙顶部、门窗周围均设防雨泛水板，泛水板与墙板的接缝处用防水油膏嵌缝，压型板墙转角处用槽形转角板进行外包角和内包角，转角板可以用螺栓固定。

（二）铝合金饰面板

铝合金饰面板的施工流程一般为：弹线定位—安装固定连接件—安装骨架—饰面板安装—收口构造处理—板缝处理。

（三）不锈钢饰面板

不锈钢饰面板的施工流程为：柱体成型—柱体基层处理—不锈钢板滚圆—不锈钢板定位安装—焊接和打磨修光。

四、玻璃幕墙施工

（一）玻璃幕墙分类

1. 明框玻璃幕墙

玻璃板镶嵌在铝框内，成为四边有铝框的幕墙构件，幕墙构件镶嵌在横梁上，形成横梁、主框均外露且铝框分格明显的立面。

2. 隐框玻璃幕墙

将玻璃用结构胶粘结在铝框上，大多数情况下不再加金属连接件。因此，铝框全部隐蔽在玻璃后面，形成大而积全玻璃镜面。

3. 半隐框玻璃幕墙

将玻璃两对边嵌在铝框内，另两对边用结构放粘在铝框上形成半隐框玻璃幕墙。立柱外露、横梁隐蔽的称为竖框横隐幕墙；横梁外露、立柱隐蔽的称为竖隐横框幕墙。

4. 全玻幕墙

为游览观光需要，在建筑物底层、顶层及旋转餐厅的外墙使用玻璃板，支承结构采用玻璃肋，这种幕堵称为全玻幕墙。

（二）玻璃幕墙的施工工艺

定位放线—骨架安装—玻璃安装—密封胶嵌缝。

第三节 墙体保温工程

外墙保温系统是由保温层、保护层与固定材料构成的非承重保温构造的总称。外墙保温系统按保温层的位置分为外墙内保温系统和外墙外保温系统两大类，下面重点介绍 EPS 外墙外保温系统。

一、外墙外保温系统的构造及要求

（一）EPS 外墙外保温系统的基本构造及特点

EPS 外墙外保温系统采用聚苯乙烯泡沫塑料板作为建筑物的外保温材料，再将聚苯板用专用粘结砂浆按要求粘贴上墙，这是国内外使用最普遍、技术最成熟的外保温系统，该系统 EPS 板导热系数小，并且厚度一般不受限制，可满足严寒地区节能设计标准要求。

1. 薄抹灰外保温系统基本构造

（1）基层墙体

房屋建筑中起承重或围护作用的外墙体，可以是混凝土墙体及各种砌体墙体。

（2）胶粘剂

专用于把聚苯板粘结在基层墙体上的化工产品，有液体胶粘剂与干粉胶粘剂两种。

（3）聚苯板

由可发性聚苯乙烯珠粒经加热发泡后在模具中加热成型而制成的具有闭孔结构的聚苯乙烯泡沫材料板材。聚苯板有阻燃和绝热的作用，表观密度 18 ～ 22 kg/m^3，挤塑聚苯板表观密度为 25 ～ 32kg/m^3 聚苯板的常用厚度有 30mm、35mm、40 mm 等，聚苯板出厂前在自然条件下必须陈化 42 d 或在 60℃蒸汽中陈化 5 d，才可出厂使用。

（4）锚栓

固定聚苯板于基层墙体上的专用连接件，一般情况下包括塑料钉或具有防腐性能的金属螺钉和带圆盘的塑料膨胀套管两部分。有效锚的深度不小于 25 mm，塑料圆盘直径不小于 50 mm。

（5）抗裂砂浆

由抗裂剂、水泥和砂按一定比例制成的能满足一定变形要求而保持不开裂的砂浆。

（6）耐碱网布

在玻璃纤维网格布表面涂覆耐碱防水材料，埋入抹面胶浆中，形成薄抹灰增强防护层，提高防护层的机械强度和抗裂性。

（7）抹面胶浆

由水泥基或其他无机胶凝材料、高分子聚合物和填料等组成。

2. 聚苯板外墙外保温系统的特点

聚苯板外墙外保温系统的特点为：节能、牢固、防水、体轻、阻燃、易施工。

（二）外墙外保温系统的基本要求

1. 外墙外保温系统的保温、隔热和防潮性能应符合国家现行标准的有关规定。

2. 外墙外保温工程应能承受风荷载的作用而不被破坏，应能长期承受自重而不产生有害物，应能适应基层的正常变形而不产生裂缝或空鼓，应能耐受室外气候的长期反复作用而不产生破坏，使用年限不应小于 25 年。

3. 外墙外保温工程在罕遇地震发生时不应从基层上脱落，高层建筑应采取防火构造措施。

4. 外墙外保温工程应具有防水渗透性能，应具有防生物侵害性能。

5. 涂料必须与薄抹灰外保温系统相容，其性能指标应符合外墙建筑涂料的相关要求。

6. 薄抹灰外墙保温系统中所有的附件，包括密封膏、密封条、包角条、包边条等应分别符合相应的产品标准的要求。

二、增强石膏复合聚苯保温板外墙内保温施工

（一）聚苯板的施工程序

聚苯板的施工程序如下：材料、工具准备→基层处理→弹线、配粘结胶泥→粘结聚苯板→缝隙处理→聚苯板打磨、找平→装饰件安装→特殊部位处理→抹底胶泥→铺设网布、配抹面胶泥→抹面胶泥→找平修补、配而层涂料→涂面层涂料→竣工验收。

（二）聚苯板的施工要点

1. 外墙施工用脚手架，可采用双排钢管脚手架或吊架，架管或管头与墙面间最小距离应为 450 mm，以方便施工。

2. 基层墙体处理

基层墙体必须清理干净，墙面无油、灰尘、污垢、风化物、涂料、蜡、防水剂、潮气、霜、泥土等污染物或其他有碍粘结材料，并应剔除墙面的凸出物，基层墙中松动或风化的部分应清除，并用水泥砂浆填充找平。基层墙体的表面平整度不符合要求时，可用 1 ∶ 3 水泥砂浆找平。

3. 粘结聚苯板

根据设计图纸的要求，在经过平整处理的外墙上沿散水标高用墨线弹出散水及勒角水平线，当需设系统变形缝时，应在墙面相应位置弹出变形缝及宽度线，标出聚苯板的粘结位置。

粘结胶泥配制：加水泥前先搅拌一下强力胶，然后将强力胶与普通硅酸盐水泥按比例（1 ∶ 1 重信比）配制，边加边搅拌，直至均匀。应避免过

度搅拌。胶泥随用随配，配好的胶泥最好在 2 h 内用完，最长不得超过 3 h，遇炎热天气适当缩短存放时间。

沿聚苯板的周围用不锈钢抹子涂抹配制的粘结胶泥，胶泥带宽 20 mm、厚 15 mm，如采用标准尺寸聚苯板，应在板的中间部位均匀布置一般为 6 个点的水泥胶泥。每点直径为 50 mm，厚 15 mm，中心距 200 mm，抹完胶泥后，应立即将板平贴在基层墙体上滑动就位，应该随时用 2 m 长的靠尺进行整平操作。

聚苯板由建筑物的外墙勒角开始，自上而下粘结。上下板互相错缝，上下排板间竖向接缝应垂直交错连接，以保证转角处板材安装垂直度。窗口带造型的应在墙面聚苯板粘结后另外贴造型聚苯板，以保证板不产生裂缝。

粘结上墙后的聚苯板应用粗砂纸磨平，然后再将整个聚苯板打磨一遍。操作工人应戴防护面具。打磨墙面的动作应是轻柔的圆周运动，不得沿与聚苯板接缝平行的方向打磨。聚苯板施工完毕后，至少需静置 24h 才能打磨，以防聚苯板移动，减弱板材与基层墙体的粘结强度。

4. 网格布的铺设

标准网格布的铺设方法为二道抹面胶浆法。

涂抹抹面胶浆前，应先检查聚苯板是否干燥、表面是否平整，并去除板面的有害物质、杂质或变质部分。用不锈钢抹子在聚苯板表面均匀涂抹一层面积略大于一块网格布的抹面胶浆，厚度约为立即将网格布压入湿的抹面胶浆中，待胶浆稍干硬至可以碰触时，再用抹了涂抹第二道抹面胶浆，直至网格布全部被覆盖。此时，网格布均在两道抹面胶浆的中间。

网格布应自上而下沿外墙铺设。当遇到门窗洞口时，应在洞门四角处沿 45。方向补贴一块标准网格布，以防开裂。标准网格布间应相互搭接至少 150 mm，但加强网格布时必须对接，其对接边缘应紧密。翻网处网宽不少于 100mm。窗口翻网处及第一层起始边处侧面打水泥胶，面网用靠尺归方找平，胶泥压实，翻网处网格布需将胶泥压出。外墙阳、阴角立接搭接 200 mm，铺设网格布时，网格布的弯曲面应韧向墙面，并从中央向四周用抹子抹平，直至网格布完全埋入抹面胶浆内，目测无任何可分辨的网格布纹路，如有裸露的网格布，应再抹适量的抹面胶浆进行修补。

网格布铺设完毕后，静置养护 24 h 后，方可进行下一道工序的施工，在潮湿的气候条件下，应延长养护时间，保护已完工的成品，避免雨水的渗透和冲刷。

5. 面层涂料的施工

面层涂料施工前，应首先检查胶浆上是否有抹子刻痕、网格布是否完全埋入，然后修补抹面浆的缺陷或凹凸不平处，并用专用细砂纸打磨一遍，必要时可抹腻子。

面层涂料用滚涂法施工，应从墙的上端开始，自上而下进行。涂层干燥前，墙面不得沾水，以免颜色变化。

三、胶粉 EPS 颗粒保温浆料外墙外保温系统施工

胶粉 EPS 颗粒保温浆料外墙外保温系统（以下简称保温浆料系统）由界面层、胶粉 EPS 颗粒保温浆料保温层、抗裂砂浆薄抹面层和饰面层组成。胶粉 EPS 颗粒保温浆料经现场拌和后喷涂或抹在基层上形成保温层。EPS 板内表面（与现浇混凝土接触的表面）沿水平方向开有矩形齿槽，内、外表面均满涂界面砂浆。在施工时将 EPS 板置于外模板内侧，并安装锚栓作为辅助固定件。浇筑混凝土后，墙体与 EPS 板及锚栓结合为一体。

薄抹面层中应满铺玻璃纤维网；胶粉 EPS 颗粒保温浆料保温层设计厚度不宜超过 100 mm，必要时应设置抗裂分格缝。

第四节 楼地面工程

楼地面是房屋建筑底层地坪与楼层地坪的总称，主要由面层、垫层和基层构成。

一、整体面层施工

（一）水泥砂浆面层施工

1. 工艺流程

基层处理→找标高、弹线→洒水湿润→抹灰饼和标筋→搅拌砂浆→刷水泥浆结合层→铺水泥砂浆面层→木抹子搓平→铁抹子压第一遍→第二遍压光→第三遍压光→养护。

2. 工艺要点

（1）基层处理：扫灰尘，剔掉灰浆皮和灰渣层（钢刷子），去油污（火

碱水溶液），去碱液（清水）。

（2）找标高、弹线：量测出面层标高，并在墙上弹线。

（3）洒水湿润：将地面基层均匀洒水一遍（喷壶）。

（4）抹灰饼和标筋（或称“冲筋”）：根据面层标高弹线，确定面层抹灰厚度，拉水平线抹灰饼（尺寸 5cm × 5cm，横竖间距为 1.5 ~ 2 m），灰饼上平面即为地面面层标高；若房间较大，还需要抹标筋。

（5）搅拌砂浆：水泥：砂 =1：2（体积比），稠度 ≤ 35mm，强度等级 ≥ M15。

（6）刷水泥浆结合层：在铺设水泥砂浆之前，应涂刷水泥浆一层，随刷随铺面层砂浆。

（7）铺水泥砂浆而层：在灰饼之间（或标筋之间）将砂浆铺均匀，并用木刮杠按灰饼（或标筋）高度刮平，敲掉灰饼，并用砂浆壤平。

（8）木抹子搓平：从内向外退着用木抹子搓平，并用 2 m 靠尺检查其平整度。

（9）铁抹子压第一遍：铁抹子压第一遍，直到出浆为止（砂浆过稀，表面有泌水现象时，可均匀撒一遍干水泥和砂的拌和料，再用木抹子用力抹压，结合为一体后用铁抹子压平）。

（10）第二遍压光：面层砂浆初凝后（人踩上去有脚印但不下陷时）用铁抹子压第二遍，边抹压边把坑凹处填平。

（11）第三遍压光：面层砂浆终凝前（人踩上去稍有脚印）用铁抹子压第三遍，把第二遍抹压时留下的全部抹纹压平、压实、压光。

（12）养护：压光后 24 h，用锯末或其他材料覆盖，洒水养护，当抗压强度达 5 MPa 才能上人。

（13）抹踢脚板：墙基体抹灰时，踢脚板的底层砂浆和面层砂浆分两次抹，墙基体不抹灰时，踢脚板只抹面层砂浆。

（二）水磨石面层施工

1. 工艺流程

基层处理→找标高→弹水平线→抹找平层砂浆→养护→弹分格线→镶分格条→拌制水磨石拌和料→涂刷水泥浆结合层。铺水磨石拌和料→滚压、抹平→试磨→粗磨→细磨→磨光→草酸擦洗→打蜡上光。

2. 工艺要点

（1）基层处理

将混凝土基层上的杂物清理干净，不得有油污、浮土。用钢錾子和钢丝刷将沾在基层上的水泥浆皮錾掉铲净。

（2）找标高，弹水平线

根据墙面上的 +50 cm 标高线，往下量测出水磨石面层的标高，弹在四周墙上，并考虑其他房间和通道面层的标高要相互一致。

（3）抹找平层砂浆

①根据墙上蜂出的水平线，测出面层厚度（10 ~ 15 mm 厚），抹 1 ∶ 3 水泥砂浆找平层，为了保证找平层的平整度，先抹灰饼（纵横方向间距 1.5 m 左右），大小 8 ~ 10 cm。

②灰饼砂浆硬结后，以灰饼高度为标准，抹宽度为 8 ~ 10cm 冲的纵横标筋。

③在基层上洒水湿润，刷一道水灰比为 0.4 ~ 0.5 的水泥浆，面积不得过大，随刷浆随抹 1 ∶ 3 找平层砂浆，并用 2 m 长刮杠以标筋为标准刮再用木抹子搓平。

（4）养护

抹好找平层砂浆后养护 24 h，待抗压强度达到 1.2 MPa，方可进行下道工序施工。

（5）弹分格线

根据设计要求的分格尺寸（一般采用 1m × 1m），在房间中部弹十字线，计算好周边的锻边宽度后，以十字线为准弹分格线，如果设计有图案要求时，应按设计要求弹出清晰的线条。

（6）镶分格条

用小铁抹子抹稠水泥浆将分格条固定住（分格条安在分格线上），抹成 30° 的八字形，高度应低于分格条条顶 3 mm。分格条应平直、牢固、接头严密，不得有缝隙，作为铺设面层的标志。另外在粘贴分格条时，在分格条十字交叉接头处，为了使拌和料填塞饱满，在距交点 40 ~ 50 nun 内不抹水泥浆。采用铜条时，应预先在两端头下部 1/3 处打眼，穿入 22 号铁丝，锚固于下口八字角水泥浆内。镶条 12 h 后开始浇水养护，最少 2d，一般洒水养护 3 ~ 4d，在此期间房间应封闭，禁止各工序施工。

（7）拌制水磨石拌和料（或称石渣浆）

①伴和料的体积比宜采用 1 ： 1.5 ~ 1 ： 2.5（水泥：石粒），要求配合比准确，拌和均匀。

②彩色水磨石拌和料，除彩色石粒外，还应加入耐光耐碱的矿物颜料，其掺入量为水泥重量的 3% ~ 6%，普通水泥与颜料配合比、彩色石子与普通石子配合比，在施工前都需经实验室试验后确定。同一彩色水磨石面层应使用同厂、同批颜料。在拌制前应根据整个面层所需的用量，将水泥和颜料一次统一配好、配足。配料时不仅要用铁铲拌和，还要用筛子筛匀后，用包装袋装起来存放在干燥的室内，避免受潮。彩色石粒与普通石粒拌和均匀后，集中贮存待用。

③各种拌和料在使用前加水拌和均匀，稠度约 6 cm。

（8）涂刷水泥浆结合层

先用清水将找平层洒水湿润，涂刷与而层颜色相同的水泥浆结合层，其水灰比宜为要刷均匀，亦可在水泥浆内掺加胶粘剂，要随刷随铺拌和料，不得刷的面积过大，防止浆层风干导致面层空鼓。

（9）铺水磨石拌和料口

①水磨石拌和料的而层厚度，除有特殊要求以外，宜为 12 ~ 18 mm，并应按石料粒径确定。铺设时将搅拌均匀的拌和料先铺抹分格条边，后铺入分格条方框中间，用铁抹子由中间向边角推进，在分格条两边及交角处特别注意压实抹平，随抹随用直尺进行平整度检查。如局部地面铺设过高时，应用铁抹子将其挖去一部分，再将周围的水泥石子浆抹平（不得用刮杠刮平）。

②几种颜色的水磨石拌和料不可同时铺抹，要先铺抹深色的，后铺抹浅色的，待前一种凝固后，再铺后一种（因为深色的掺矿物颜料多，强度增长慢，影响机磨效果）。

（10）滚压、抹平

用滚筒滚压前，先用铁抹子或木抹子在分格条两边宽约 10 cm 范围内轻轻拍实（避免将分格条挤移位）。滚压时用力要均匀（要随时清理掉粘在滚筒上的石渣），应从横、竖两个方向轮换进行，直到表面平整密实、出浆石粒均匀为止。待石粒浆稍收水后，再用钦抹子抹平、压实，如发现石粒浆有不均匀之处，应补石粒浆，后用快抹子抹平、压实。24h 后浇水养护。

（11）试磨

一般根据气温情况确定养护天数，气温在 20℃ ~ 30℃时 2 ~ 3 d 即可开始机磨，过早石粒易松动，过迟磨光困难。所以需进行试磨，以面层不掉石粒为准。

（12）粗磨

第一遍用 60 ~ 90 号粗金刚石磨，使磨石机机头在地面上走横“8”字形，边磨边加水（如水磨石面层养护时间太长，可加细砂，加快机磨速度），随时清扫水泥浆，并用靠尺检查平整度，直至表面磨平、磨匀，分格条和石粒全部露出（边角处人工磨成同样效果），用水清洗晾干，然后用较稠的水泥浆（掺有颜料的面层，应用同样掺有颜料的水泥浆）擦一遍，特别是面层的洞眼、小孔隙要填实抹平，脱落的石粒应补齐。浇水养护 2 ~ 3 d。

（13）细磨

第二遍用 90 ~ 120 号金刚石磨，要求磨至表面光滑为止，然后用清水冲净，满擦第二遍水泥浆，仍注意小孔隙要填实抹平。养护 2 ~ 3 d。

（14）磨光

第三遍用 200 号细金刚石磨，磨至表面石子显露均匀，无缺石粒现象，平整、光滑，无孔隙。

普通水磨石面层磨光遍数不应少于三遍，高级水磨石面层的厚度、磨光遍数及油石规格应根据设计确定。

（15）草酸擦洗

为了取得打蜡后显著的效果，在打蜡前水磨石面层要进行一次适量限度的酸洗，一般用草酸擦洗。使用时先将水和草酸混合成约 10% 浓度的溶液，用扫帚蘸后洒在地面上，再用油石轻轻磨一遍；磨出水泥及石粒本色后，用水冲洗，软布擦干。此道工序必须在各工种完工后才能进行，经酸洗后的面层不得再受污染。

（16）打蜡上光

将蜡包在薄布内，在面层上薄薄涂一层，待干后用钉有帆布或麻布的木块代替油石，装在磨石机上研磨，用同样方法打第二遍蜡，直到光滑洁亮为止。

（17）现制水磨石面层冬期施工时，环境温度应保持在 +5℃以上。

（18）水磨石踢脚板。

①抹底灰

与墙面抹灰厚度一致，在阴阳角处套方、量尺、拉线，确定踢脚板厚度，按底层灰的厚度冲筋，间距 1 ~ 1.5 m。然后装档用短杠刮平，用木抹子搓成麻面并划毛。

②抹踢脚板拌和料

将底灰用水湿润，在阴阳角及上口用靠尺按水平线找好规矩，贴好靠尺板，先涂刷一层薄水泥浆，紧跟着将拌和料抹平、压实。刷水两遍将水泥浆轻轻刷去，达到石子面上无浮浆。常温下养护 24 h 后，开始人工磨面。

③人工涂蜡

擦两遍，直到光亮为止。

二、板块面层施工

（一）大理石、花岗石及碎拼大理石地面施工

1. 工艺流程

准备工作→试拼→弹线→试排→刷水泥浆及铺砂浆结合层→铺砌板块→灌缝、擦缝→打蜡。

2. 施工要点

（1）准备工作

熟悉了解各部位尺寸和做法；基层处理（清除杂物，刷掉粘结在垫层上的砂浆）。

（2）试拼

应按图案、颜色、纹理试拼，试拼后按两个方向编号排列，然后按编号码放整齐。

（3）弹线

在房间内拉十字控制线，并弹线于垫层上，依据墙面 +50 cm 标高线找出面层标高，在墙上弹出水平标高线。

（4）试排

在两个相互垂直的方向铺两条干砂（宽度大于板块宽度，厚度不小于 3 cm），以便检查板块之间的缝隙，核对板块与墙面、柱、洞口等部位的相

对位置。

（5）刷水泥浆及铺砂浆结合层

试铺后清扫干净，用喷壶洒水湿润，随铺砂浆随刷；根据板面水平线确定结合层砂浆厚度，拉十字控制线，铺结合层干硬性水泥砂浆。

（6）铺砌板块

板块应先用水浸湿，待擦干或表面晾干后方可铺设；根据房间拉的十字控制线，纵横各铺一行，用于大面积铺砌标筋。

（7）灌缝、擦缝

在板块铺砌后 1 ~ 2 昼夜进行灌浆擦缝，用浆壶将水泥浆徐徐灌入板块之间的缝隙中，并用长刮板把流出的水泥浆刮向缝隙内，灌浆 1 ~ 2h 后用棉纱团擦缝使之与板面平齐，同时将板面上的水泥浆擦净。

（8）养护。

（9）打蜡

水泥砂浆结合层达到强度后方可打蜡，使面层光滑洁亮。

①测踢脚板上口水平线并弹在墙上，用线坠吊线确定踢脚板出墙厚度。

②水泥砂浆打底找平，并在面层划纹。

③拉踢脚板上口的水平线，往底灰上粘贴踢脚板（板背面抹素水泥砂浆），并用木锤敲实，根据水平找直。

④擦缝与打蜡。

（二）水泥花砖和混凝土板地面施工

铺贴方法与预制水磨石板铺贴方法基本相同，板材缝隙宽度为：水泥花砖不大于 2 mm，预制混凝土板不大于 6mm。

（三）陶瓷锦砖地面施工

铺贴→拍实→揭纸→灌缝→养护。

（四）陶瓷地砖与墙地砖面层施工

铺结合层砂浆→弹线定位→铺贴地砖→擦缝。

（五）地毯面层施工

地毯的铺设方法分为活动式与固定式两种。

活动式是将地毯浮搁在地面基层上，不需将地毯同基层固定。固定式则相反，一般是用倒刺板条或胶粘剂将地毯固定在基层上。

三、木质地面施工

木地板有实铺和空铺两种。空铺木地板由木搁册、企口板、剪刀撑等组成，一般均设在首层房间。当搁栅跨度较大时，应在房中间加设地垄墙，地垄墙顶上要铺油毡或抹防水砂浆及放置沿缘木。实铺木地板是将木搁栅铺在钢筋混凝土板或垫层上，它由木搁栅及企口板等组成。

工艺流程：安装木搁栅→钉木地板→刨平→净面细刨、磨光→安装踢脚板。

第五节 吊顶与隔墙工程

一、吊顶工程

吊顶采用悬吊方式将装饰顶棚支承于屋顶或楼板下面。

（一）吊顶的组成

吊顶主要由支承、基层和面层三部分组成。

1. 支承

吊顶支承山吊杆（吊筋）和主龙骨组成。

（1）木龙骨

方木 50 mm × 70mm ~ 60mm × 100 mm、薄壁槽钢 60 mm × 6 mm ~ 70 mm × 7 mm，间距 1m 左右，用 8 ~ 10 mm 螺栓或 8 号铁丝与楼板连接。

（2）金属龙骨

有 L、T、C、L 型等，间距通过吊杆与楼板连接。

2. 基层

由用木材、型钢戒其他轻金属材料制成的次龙骨组成。

3. 面层

木龙骨吊顶多用人造板面层或板条抹灰面层，金属龙骨吊顶多用装饰吸声板。

（二）轻钢龙骨吊顶的施工

1. 弹顶棚标高水平线

根据楼层标高水平线，用尺竖向量至顶棚设计标高，沿墙往四周弹顶棚标高水平线。

2. 画龙骨分档线

按设计要求的主、次龙骨间距布置，在已弹好的顶棚标高水平线上画龙骨分档线。

3. 安装主龙骨吊杆

确定吊杆下端头标高，将吊杆无螺栓丝扣的一端与楼板预埋钢筋连接固定，未预埋钢筋时可用膨胀螺栓。

4. 安装主龙骨

配装吊杆螺母；在主龙骨上安装吊挂件，按分档线位置使吊挂件穿入相应的吊杆螺栓，拧好螺母；主龙骨相接处装好连接件，拉线调整标高、起拱度和平直度；安装洞口附加主龙骨。

5. 安装次龙骨

按已弹好的次龙骨分档线，卡放次龙骨吊挂件。

6. 吊挂次龙骨

将次龙骨通过吊挂件吊挂在大龙骨上；用连接件连接次龙骨，调直固定。

7. 安装罩面板

检查验收各种管线，安装罩面板。

8. 安装压条

拉缝均匀，对缝平整，按压条位置弹线，然后接线进行压条安装。

9. 刷防锈漆

轻钢龙骨面板顶棚、碳钢或焊接处未作防腐处理的表面（如预埋件、吊挂件、连接件、钉固附件等），应在安装工序前刷防锈漆。

二、隔墙的施工

（一）隔墙的构造类型

砌块式：与黏土砖墙相似。

立筋式：多为木材或型钢，其饰面板多为人造板。

板材式：用高度等于室内净高的板材进行拼装，

（二）轻钢龙骨纸面石膏板隔墙施工

特点：施工速度快、成本低、劳动强度小、装饰美观、防火、隔声性能好等。

系列：C50、C75、C100 三种。

组成：沿顶龙骨、沿地龙骨、恪向龙骨、加强龙骨、横撑龙骨及配件。

工序：

①弹线：确定隔墙位置。

②固定沿地、沿顶、沿墙龙骨：用膨胀螺栓、铁钉、预埋件连接。

③骨架连接：点焊或螺钉固定。

④石膏板固定：螺钉固定，明缝勾立缝，暗缝石膏腻子嵌平。

⑤饰面处理：裱糊墙纸、织物或涂料施工。

（三）铝合金隔墙施工

组成：铝合金型材框架、玻璃等其他材料。

工序：弹线→下料→组装框架→安装玻璃。

（四）隔墙的质量要求

隔墙骨架与基体结构连接牢固，无松动现象；

墙体表面应平整，接缝密实、光滑，无凹凸现象，无裂缝；

石膏板铺设方向正确，安装牢固；

隔墙饰面板工程质量符合允许偏差。

参考文献

[1] 许蓁主编；于洁副主编 .BIM 应用・设计 [M]. 上海：同济大学出版社 .2016.

[2] 李建成主编 . 建筑信息模型 BIM 应用丛书 BIM 应用 导论 [M]. 上海：同济大学出版社 .2015.

[3] 刘鉴秾 . 建筑工程施工 BIM 应用 [M]. 重庆大学出版社 .2018.

[4] 李邵建主编 . 欧特克 BIM 标准丛书 BIM 纲要 [M]. 上海：同济大学出版社 .2015.

[5] 金睿主编 . 建筑施工企业 BMI 应用基础教程 [M]. 杭州：浙江工商大学出版社 .2016.

[6] 徐勇戈，孔凡楼，高志坚编著 .BIM 概论 [M]. 西安：西安交通大学出版社 .2016.

[7] 徐照 .BIM 技术与现代化建筑运维管理 [M]. 南京：东南大学出版社 .2018.

[8] 孙庆霞，刘广文，于庆华主编 .BIM 技术应用实务 [M]. 北京：北京理工大学出版社 .2018.

[9] 龚剑主编 . 工程建设企业 BIM 应用指南 [M]. 同济大学出版社 .2018.

[10] 彭靖著 .BIM 技术在建筑施工管理中的应用研究 [M]. 长春：东北师范大学出版社 .2017.

[11] 李慧民 .BIM 技术应用基础教程 [M]. 北京：冶金工业出版社 .2017.

[12] 刘广文，牟培超，黄铭丰主编 .BIM 应用基础 [M]. 上海：同济大学出版社 .2013.

[13] 周建亮，佟瑞鹏主编 . 工程建设安全健康与环境管理 [M]. 徐州：中国矿业大学出版社 .2015.

[14] 曹吉鸣 . 工程施工组织与管理 第 2 版 [M]. 上海：同济大学出版社 .2016.

[15] 张建忠著 .BIM 在医院建筑全生命周期中的应用 [M]. 同济大学出版社 .2017.

[16] 薛菁著 . 全国 BIM 技能等级考试系列教材 REVITMEP 机电管线综合应用 [M]. 西安：西安交通大学出版社 .2018.

[17] 胡玉银，吴欣之主编 . 建筑施工新技术及应用 [M]. 北京：中国电力出版社 .2011.

[18] 沈莉 . 建筑 CAD[M]. 北京：北京理工大学出版社 .2016.

[19] 张波主编 . 装配式混凝土结构工程 [M]. 北京：北京理工大学出版社 .2016.

[20] 曾淑君主编；伍福海，赵伟卓，黄洋副主编 . 普通高等教育“十二五”应用型规划教材 工程造价管理 [M]. 南京：东南大学出版社 .2016.

[21] 廖奇云，陶燕瑜著 . 超高层建筑项目管理研究 [M]. 重庆：重庆大学出版社 .2015.

[22] 王佳主编 . 建筑电气 CAD 实用教程 [M]. 北京：中国电力出版社 .2014.

[23] 何亚伯主编 . 土木工程监理 [M]. 武汉：武汉大学出版社 .2015.

[24] 范同顺著 . 基于智能化工程的建筑能效管理策略研究 [M]. 北京：中国建材工业出版社 .2015.

[25] 肖本林，贺行洋主编 . 土木工程与建筑教育改革理论及实践 [M]. 北京：测绘出版社 .2013.

[26] 刘伯权，吴涛，黄华主编 . 土木工程概论 [M]. 武汉：武汉大学出版社 .2014.

[27] 贾华琴主编 . 装饰装修施工员专业管理实务 [M]. 杭州：浙江工商大学出版社 .2016.

[28] 周建亮，佟瑞鹏主编 . 工程建设安全健康与环境管理 [M]. 徐州：中国矿业大学出版社 .2015.

[29] 张波主编 . 装配式混凝土结构工程 [M]. 北京：北京理工大学出版社 .2016.

[30] 曾淑君主编；伍福海，赵伟卓，黄洋副主编 . 普通高等教育“十二五”应用型规划教材 工程造价管理 [M]. 南京：东南大学出版社 .2016.